编委会

微视频全图讲解系列

扫描书中的"二维码"
开启全新的微视频学习模式

微视频
全图讲解家电维修

数码维修工程师鉴定指导中心　　组织编写

韩雪涛　主编　　吴　瑛　韩广兴　副主编

精彩微视频
配合讲解

扫码观看
方便快捷

電子工業出版社

Publishing House of Electronics Industry

北京·BEIJING

内容简介

本书采用"全彩"+"全图"+"微视频"的全新讲解方式，系统全面地介绍家电维修的专业知识和应用技能，打破传统纸质图书的学习模式，将网络技术与多媒体技术引入纸质载体，开创"微视频"互动学习的全新体验。读者可以在学习过程中，通过扫描页面上的"二维码"即可打开相应知识技能的微视频，配合图书轻松完成学习。

本书适合相关领域的初学者、专业技术人员、爱好者及相关专业的师生阅读。

使用手机扫描书中的"二维码"，开启全新的微视频学习模式……

图书在版编目（CIP）数据

微视频全图讲解家电维修/韩雪涛主编． --北京：电子工业出版社，2018.3
（微视频全图讲解系列）
ISBN 978-7-121- 33506-8

Ⅰ．①微…　Ⅱ．①韩…　Ⅲ．①日用电气器具－维修－图解　Ⅳ．①TM925.07-64

中国版本图书馆CIP数据核字（2018）第010956号

责任编辑：富　军　　　　特约编辑：刘汉斌
印　　刷：北京虎彩文化传播有限公司
装　　订：北京虎彩文化传播有限公司
出版发行：电子工业出版社
　　　　　北京市海淀区万寿路173信箱　邮编　100036
开　　本：787×1092　1/16　印张：15.75　字数：403.2千字
版　　次：2018年3月第1版
印　　次：2021年1月第4次印刷
定　　价：69.80元

凡所购买电子工业出版社的图书，如有缺损问题，请向购买书店调换。若书店售缺，请与本社发行部联系，联系及邮购电话：（010）88258888，88254888。

质量投诉请发邮件至zlts@phei.com.cn，盗版侵权举报请发邮件至dbqq@phei.com.cn。

本书咨询联系方式：（010）88254456。

前 言

首先，本书是专门为从事和希望从事电子产品设计、制造、调试、维修等相关工作的初学者和技术人员编写的，能够在短时间内迅速提升初学者的专业知识和专业技能，同时也为从事相关工作的技术人员提供更大的拓展空间，丰富实践经验。

家电维修是从事电子电工相关行业的基础。其电路知识与应用技能连接紧密，实践性强，对读者的专业知识和动手能力都有很高的要求。为了能够编写好本书，我们依托数码维修工程师鉴定指导中心进行了大量的市场调研和资料汇总，从家电维修相关岗位的需求角度出发，对家电维修所涉及的专业知识和应用技能进行系统的整理，以国家相关职业资格标准为核心，结合岗位的培训特点，重组技能培训架构，制订符合现代行业技能培训特色的学习计划，确保读者能够轻松、快速地掌握家电维修的相关知识和实用技能，以应对相关的岗位需求。

其次，本书打破传统教材的文字讲述模式，在图书的培训架构、图书的呈现方式、图书的内容编排和图书的教授模式四个方面全方位提升图书的品质。

四大特色

1 本系列图书的内容按照读者的学习习惯和行业培训特点进行科学系统的编排，适应当前实操岗位的学习需求。

2 本系列图书全部采用"全彩"+"全图"+"微视频讲解"的方式，充分体现图解特色，让读者的学习变得轻松、简单、易学易懂。

3 图书引入大量实际案例，读者通过学习，不仅可以学会实用的动手技能，同时可以掌握更多的实践工作经验。

4 本系列图书全部采用微视频讲解互动的全新教学模式，每本图书在内页重要知识点相关图文的旁边附印二维码。读者只要用手机扫描书中相关知识点的二维码，即可在手机上实时浏览对应的教学视频。视频内容与图书涉及的知识完全匹配，晦涩复杂难懂的图文知识通过相关专家的语言讲解，帮助读者轻松领会，同时还可以极大地缓解阅读疲劳。

另外，为了确保专业品质，本书由数码维修工程师鉴定指导中心组织编写，由全国电子行业资深专家韩广兴教授亲自指导。编写人员有行业资深工程师、高级技师和一线教师。本书无处不渗透着专业团队的经验和智慧，使读者在学习过程中如同有一群专家在身边指导，将学习和实践中需要注意的重点、难点一一化解，大大提升学习效果。

值得注意的是，家电维修的实操性很强，要想活学活用、融会贯通，须结合实际工作岗位进行循序渐进的训练。因此，为读者提供必要的技术咨询和交流是本书的另一大亮点。如果读者在工作学习过程中遇到问题，可以通过以下方式与我们联系：

数码维修工程师鉴定指导中心　　　　　　网址：http://www.chinadse.org
联系电话：022-83718162/83715667/13114807267　　E-mail：chinadse@163.com
地址：天津市南开区榕苑路4号天发科技园8-1-401　　邮编：300384

编　者

目录

第1章

电子元器件与基础电路

1.1 家电产品电路图中的电子元器件

1.1.1 识读电路图中的电阻器

电阻器简称电阻，是电子产品中最基本、最常用的电子元器件之一。它的主要作用是限制电流。

在电子产品电路原理图中，电阻器在原理图中通常用电路图形符号表示，而且配有文字符号"R""RV""RT"和序号。图1-1为常见电阻器的电路图形符号。

图1-1 常见电阻器的电路图形符号

图1-2为常见电阻器的实物外形。电阻器根据功能、制作材料和外形的不同可以分为实芯电阻器、碳膜电阻器、金属膜电阻器、线绕电阻器、压敏电阻器等，此外还有一些特殊的电阻器。

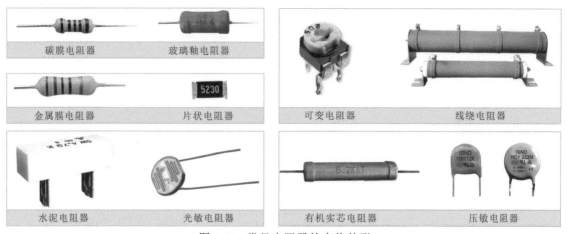

图1-2 常见电阻器的实物外形

电阻器的主要功能是限流和分压，既可利用自身对电流的阻碍作用，通过限流电路为其他电子元器件提供所需的电流，还可通过分压电路为其他电子元器件提供所需的电压。

图 1-3 为电阻器的限流功能图。R 为限流电阻，阻值越大，电流越小。根据欧姆定律 $I=U/R$ 可知，当电压 U 一定时，流过电阻器的电流与 R 成反比。发光二极管接在电源供电电路中，电阻 R1、R2 分别串联在发光二极管和风扇电动机的电路中起限流作用，使流过发光二极管的电流不超过额定值，保证发光二极管正常工作。

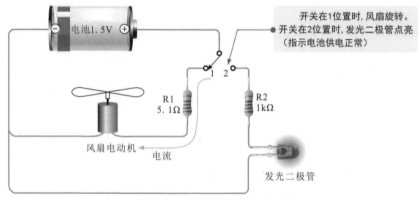

图 1-3　电阻器的限流功能图

图 1-4 为电阻器的分压功能图，当电流流过电阻时会产生电压降，将电阻串联起来接在电路中就可组成分压电路，为家电产品中的电子元器件提供所需要的电压。

图 1-4　电阻器的分压功能图

由图可知，电阻器分压功能的实现通常需要两个或两个以上的电阻器串联起来接在电路中，将送入的电压分压，电阻器之间分别为不同的分压点。图 1-5 为电阻器实现分压功能的示意图。

图 1-5　电阻器实现分压功能的示意图

在电子产品中，常见由两个普通电阻器串联起来组成分压电路为三极管的基极提供基极偏压，使该电路构成一个典型的交流信号放大器，如图1-6所示。

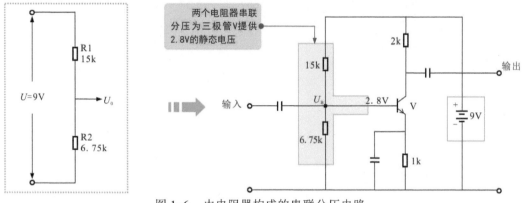

图1-6　由电阻器构成的串联分压电路

由图可知，该电路的电源供电电压为9V，放大器中三极管的基极需要一个2.8V的电压才能构成保真度良好的交流信号放大器，使用两个电阻器串联很容易获得这个电压。

在识读电路图时，电阻器的标识主要有电阻名称标识、材料、类型、序号、阻值、允许偏差等相关信息，识读电阻器的标识信息对分析、检修电子电路十分重要。

图1-7为12V电源电路中电阻器的电路标识。

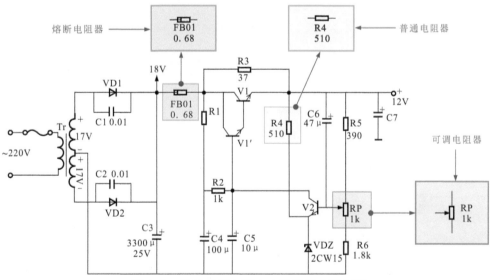

图1-7　12V电源电路中电阻器的电路标识

熔断电阻器，FB01表示该熔断电阻器在电路中的符号，0.68表示该熔断电阻器的阻值为0.68Ω。

可调电阻器（可变电阻器），RP表示可调电阻器在电路中的符号，1k表示可调电阻器的阻值调整范围为0～1kΩ。

普通电阻器，R4表示普通电阻器在电路中的名称标识，510表示该普通电阻器的阻值为510Ω。

电容器通常简称电容，也是电子产品中应用广泛的电子元器件之一。电容器是由两个极板组成的，具有存储电荷的功能。

电容器在电路中用于滤波、与电感器组合构成谐振电路、作为交流信号的传输元器件等。电容器的电路图形符号如图 1-8 所示，字母符号为"C"。

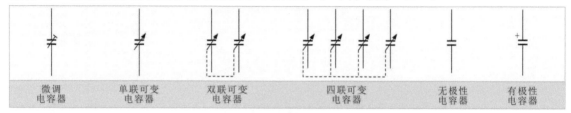

| 微调
电容器 | 单联可变
电容器 | 双联可变
电容器 | 四联可变
电容器 | 无极性
电容器 | 有极性
电容器 |

图 1-8　电容器的电路图形符号

电容器按功能和使用领域可分为固定电容器和可变电容器两大类。固定电容器又分为无极性电容器和有极性电容器。常见电容器的实物外形如图 1-9 所示。

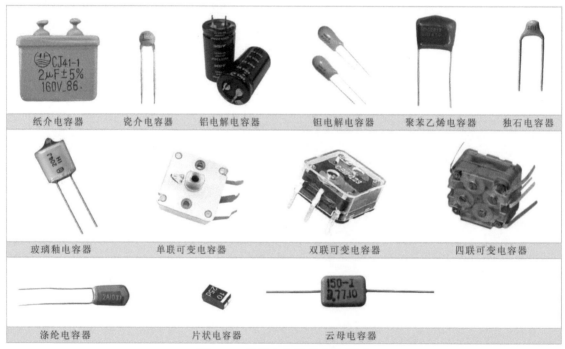

纸介电容器　瓷介电容器　铝电解电容器　钽电解电容器　聚苯乙烯电容器　独石电容器

玻璃釉电容器　单联可变电容器　双联可变电容器　四联可变电容器

涤纶电容器　片状电容器　云母电容器

图 1-9　常见电容器的实物外形

电容器具有隔直流、通交流的特点，因为构成电容器的两块不相接触的平行金属板是绝缘的，因此直流电流不能通过，交流电流以充、放电的方式通过。

图 1-10 为直流电路中电容器的充电原理，当接通开关 S1 时，电池通过电阻 R1 给电容器 C 充电。充电时，电路中有电流流动。电容两端有电荷后产生电压，当电容所充的电压与电源的电压相等时，充电停止。电路中不再有电流流动。

当按下电路中的按钮开关 K1 时，电容器上的电荷经 K1 放电，放电电流流过闪光灯，会使闪光灯发光。电容器上的电荷放掉后，电压下降，闪光灯变暗，可以重新充电。

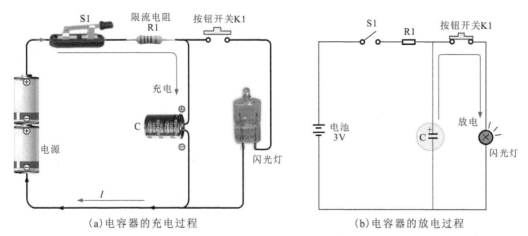

(a)电容器的充电过程　　　　　　　　(b)电容器的放电过程

图 1-10　直流电路中电容器的充电原理

　　将电容器的两块金属板接上交流电，因为交流电的大小和方向不断变化，电容器两端也必然交替地充电和放电，因此电路中就不停地有电流流动。这就是电容器能通过交流电的原因，如图 1-11 所示。根据电容器的特性及充、放电原理，应用在电子产品中的主要功能有耦合、旁路滤波、移相和谐振。

图 1-11　交流信号通过电容器的过程

　　在识读电路图时，电容器的标识主要有电容名称标识、材料、类型、序号、电容量、允许偏差等相关信息。识读电容器的标识信息对分析、检修电路十分重要。图 1-12 为典型整流滤波电路中电容器的电路标识。

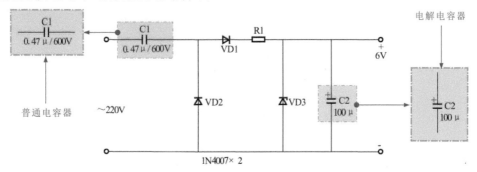

图 1-12　典型整流滤波电路中电容器的电路标识

　　普通电容器，"C1"表示该普通电容器在电路中的名称和序号，"0.47μ"表示该普通电容器的电容量为 0.47μF，"600V"表示该普通电容器的耐压值为 600V。

　　电解电容器，"C2"表示该电解电容器在电路中的名称和序号，"100μ"表示该电解电容器的电容量为 100μF。

将导线绕成圈形就是一个电感元件，是储存磁能的元件，通常简称为电感，也是电子产品中常用的基本电子元器件之一。

电感器的电路图形符号及实物外形如图 1-13 所示，用字母"L"表示。电感器可分为固定电感器、可调电感器、空心电感器、磁（铁）芯电感器等。阻流圈、偏转线圈、振荡线圈等都是常见的电感器。

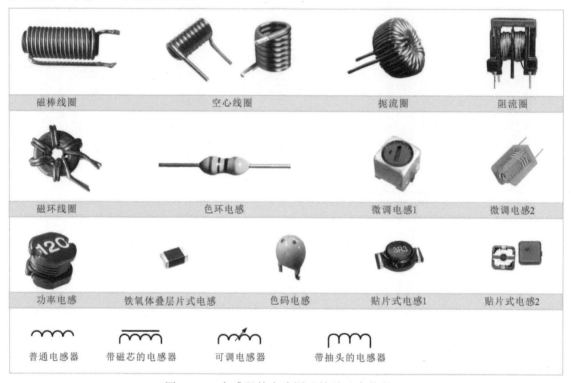

图 1-13　电感器的电路图形符号及实物外形

当电流流过电感器时，在线圈（电感）的两端就会形成较强的磁场。其磁场具有阻碍电流变化的功能，因而电感对交流有较大的阻抗（其阻抗的大小与所通过交流信号的频率有关。同一电感元件，通过的交流电流频率越高，呈现的阻抗越大），对直流呈现很小的阻抗。

根据电感元件的特性，在电子产品中常作为滤波线圈、谐振线圈或高频信号的负载。此外，电感元件还可制成变压器传递交流信号或制成电磁元件（磁头和电磁铁等）。电感元件在电子产品中的主要功能有分频、滤波、谐振和磁偏转等。

1　分频

电感器在电子产品中可以用于区分高、低频信号。图 1-14 为电感元件的分频作用，由于高频阻流圈 L 对高频电流感抗很大，对音频电流感抗很小，因此频率较低的音频信号经电感 L 后送入低音扬声器后输出，高频信号通过电容器 C2 送入高音扬声器后输出。

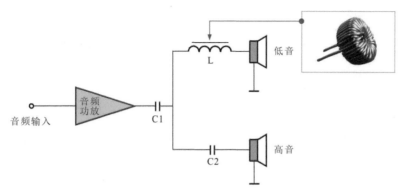

图 1-14 电感元件的分频作用

‖ 2 　滤波

电感元件能够阻止电流中的交流成分通过。平滑滤波电容与电感器组合具有更强的平滑滤波功能，特别是对滤除高频噪波有更为优异的效果。因而 LC 电路在电源供电电路中得到了广泛的应用。图 1-15 为电感元件的滤波作用。电感器 L 与电容器 C1、C2 组成 π 形 LC 滤波器。根据电感元件通直流、阻交流的特性可知，整流二极管输出的脉动直流电压 U_i 中的直流成分可以通过 L，而交流成分绝大部分不能通过 L，被 C1、C2 旁路到地，输出电压 U_o 为较纯净的直流电压。

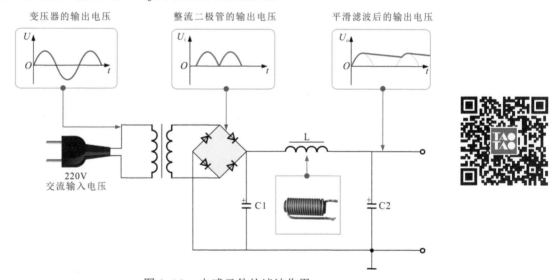

图 1-15 　电感元件的滤波作用

‖ 3 　谐振

电感器可以与电容器组成谐振选频回路。图 1-16 为收音机中常用的高频谐振（选频）电路，电感器 L 与电容器 C 构成并联谐振电路，用来接收电台发射的载波信号。天线接收空中各种频率的电磁波信号，经电容器 C0 耦合到由调谐线圈 L1 和可变电容器 C1 组成的谐振电路，再经 L1 和 C1 谐振电路的选频作用，把选出的广播节目载波信号通过 L2 耦合传送到高频放大电路。

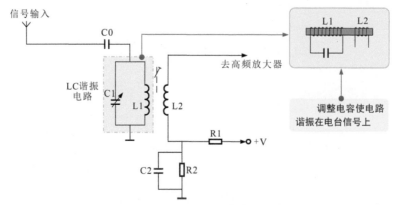

图 1-16　电感元件的谐振作用

　　图 1-17 为由电阻器和 LC 并联电路构成的分压电路。在该电路中，当低频信号加到输入端时，信号经过分压电路输出，由于电感 L 对低频信号的阻抗很小，因而衰减很大，输出幅度很小。

　　当高频信号加到输入端时，信号经过分压电路输出，由于电容 C 对高频信号的阻抗很小，因而衰减量很大，输出信号幅度很小；当与 LC 谐振频率相同的信号通过分压电路输出时，由于 LC 并联电路对该信号的阻抗呈无穷大，因而对输入信号几乎无衰减，输出端可得到最大幅度的信号。

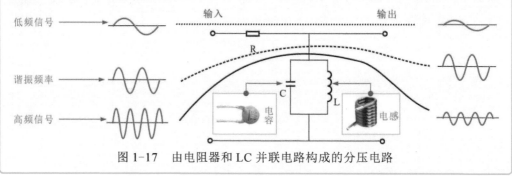

图 1-17　由电阻器和 LC 并联电路构成的分压电路

　　在识读电路图时，电感器的标识主要有电感名称标识、电容量、允许偏差等相关信息。识读电感器的标识信息对分析、检修电路十分重要。图 1-18 为典型调谐电路中电感器的电路标识。

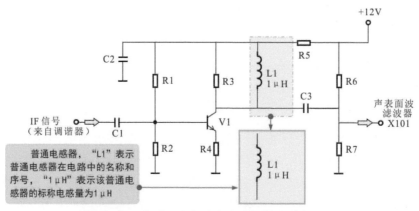

图 1-18　典型调谐电路中电感器的电路标识

二极管是一种常用的具有一个 PN 结的半导体器件，具有单向导电特性，通过二极管的电流只能沿一个方向流动。二极管只有在所加正向电压达到某一定值后才能导通。为了防止使用时极性接错，管壳上标有明显的符号或色点，符号箭头指示方向为正向，色点或色环表示该端为负极。其电路图形符号如图 1-19 所示，在电路图中常用字母 VD 或 D 表示。

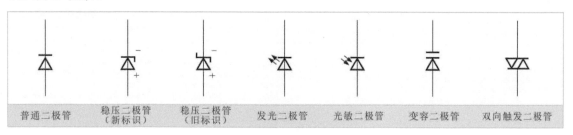

普通二极管　　稳压二极管　　稳压二极管　　发光二极管　　光敏二极管　　变容二极管　　双向触发二极管
　　　　　　　（新标识）　　（旧标识）

图 1-19　二极管的电路图形符号

在电子产品中，二极管的类型多种多样，图 1-20 为家电产品中常见几种二极管的实物外形。

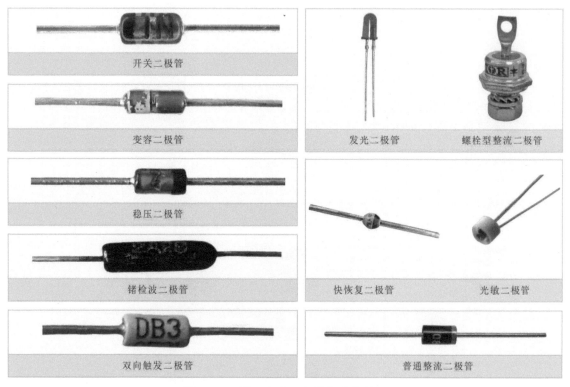

开关二极管

变容二极管

稳压二极管

锗检波二极管

双向触发二极管

发光二极管　　　螺栓型整流二极管

快恢复二极管　　光敏二极管

普通整流二极管

图 1-20　常见几种二极管的实物外形

二极管具有正向导通、反向截止的重要特性。也就是说，在一般情况下，只允许电流从正极流向负极，而不允许电流从负极流向正极。除了具有单向导通特性外，二极管在电子产品中还具有整流、检波、开关的作用。

根据二极管的单向导电特性，可以利用二极管组成整流电路，将交流电压变成单向脉动电压。常见的整流电路有半波整流、全波整流和桥式整流等。

图 1-21 为二极管的整流功能图。交流是电流交替变化的电流，如水流推动水车一样，交变的水流会使水车正向、反向交替运转，如图（a）所示。在水流的通道中设一闸门，正向水流时闸门打开，水流推动水车运转。如果水流反向流动时，闸门自动关闭，如图（b）所示。水不能反向流动，水车也不会反转。在这样的系统中，水只能正向流动，这就是整流功能。

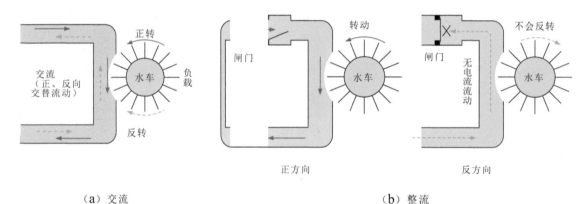

（a）交流 　　　　　　　　　　　　　　　　　（b）整流

图 1-21　二极管的整流功能图

图 1-22 为半波整流电路。由于二极管具有单向导电特性，在交流电压处于正半周时，二极管导通；在交流电压负半周时，二极管截止，因而交流电经二极管 VD 整流后，原来的交流波形变成了缺少半个周期的波形，被称为半波整流。经二极管 VD 整流出来的脉动电压再经 RC 滤波器滤波后即为直流电压。

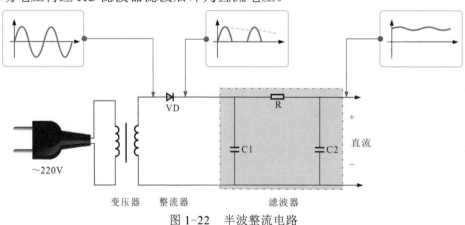

图 1-22　半波整流电路

图 1-23 为全波整流电路。该电路是以变压器次级绕组中间抽头为基准做成的电路。变压器次级绕组由抽头分成上下两个部分，组成两个半波整流。VD1 对交流电正半周电压进行整流；VD2 对交流电负半周电压进行整流，最后得到两个合成的电流，被称为全波整流。

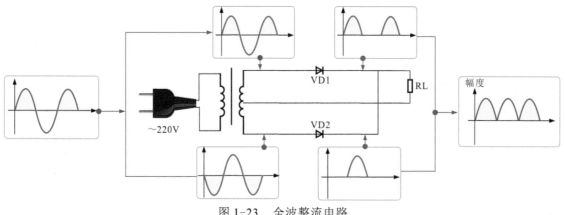

图1-23 全波整流电路

在很多电子产品中，为了减小电路板的体积，避免制造变压器中间抽头的麻烦，常采用由4个二极管组成的桥式整流堆实现全波整流，如图1-24所示。电路中，在交流电正半周时，电流I_1经VD2、负载R、VD4形成回路，负载上的电压U_R为上正、下负；在交流电负半周时，电流I_2经VD3、负载R、VD1形成回路，负载上的电压U_R仍为上正、下负，这样整流堆输入的是交流电压，输出的则是直流电压，从而实现了全波整流。

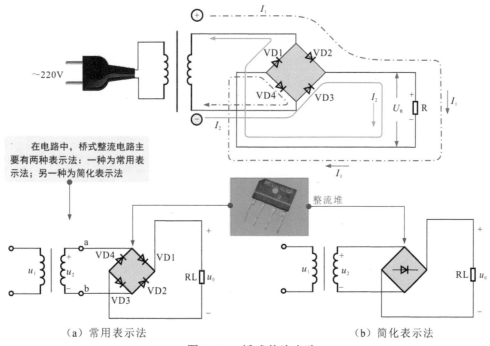

（a）常用表示法　　　　　　　　（b）简化表示法

图1-24 桥式整流电路

▎2　二极管的检波作用

图1-25为超外差收音机检波电路。第二中放输出的调幅波加到二极管VD的负极，由于二极管的单向导电特性，负半周调幅波通过二极管后，正半周被截止，输出的调幅波只有负半周。负半周的调幅波再由RC滤波器滤除其中的高频成分，电容C3阻止其中的直流成分后，输出的就是调制在载波上的音频信号。该过程被称为检波。

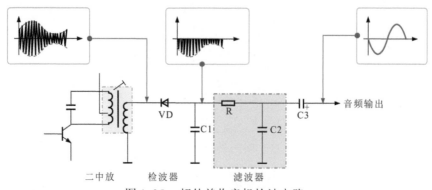

图 1-25　超外差收音机检波电路

‖ 3　二极管的开关作用

在开关电路中，由于二极管具有单向导电特性，当开关接 +9V 时，二极管 VD 正极接 +9V，VD 导通，输入端（IN）信号通过二极管 VD 到达输出端（OUT）；当开关接 -9V 时，二极管 VD 正极接 -9V，VD 截止，输入端（IN）与输出端（OUT）之间的通路被切断。图 1-26 为二极管的开关作用。

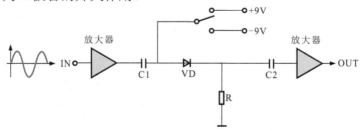

图 1-26　二极管的开关作用

在识读电路图时，二极管的标识主要有二极管名称、材料 / 极性、类型、序号、规格号等相关信息。识读二极管的标识信息对分析、检修电路十分重要。图 1-27 为典型整流电路中二极管的电路标识。

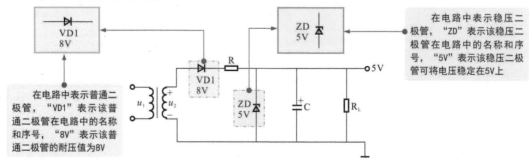

图 1-27　典型整流电路中二极管的电路标识

1.1.5　识读电路图中的三极管

三极管通常简称晶体管或晶体三极管，是一种具有两个 PN 结的半导体器件，在电子电路中应用比较广泛，是电子电路的核心器件之一。

三极管的种类较多，在结构上分成 PNP 或 NPN 三层，因此又将三极管分为 NPN 型和 PNP 型。国产硅三极管主要是 NPN 型（3D 系列），锗三极管主要是 PNP 型（3A 系列）。三极管相应的结构示意图及电路图形符号如图 1-28 所示，电路中用字母"V"表示。

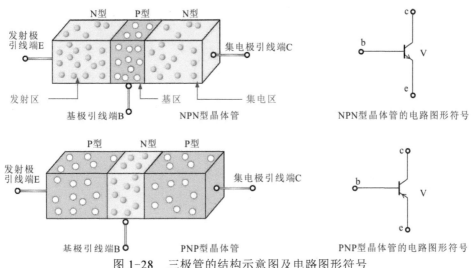

图 1-28　三极管的结构示意图及电路图形符号

三极管分为发射区、基区和集电区三个区域。三个区域的引出线分别称为发射极、基极和集电极，分别用 e、b 和 c 表示。发射区与基区之间的 PN 结被称为发射结，基区与集电区之间的 PN 结被称为集电结。

常见的三极管实物外形如图 1-29 所示。

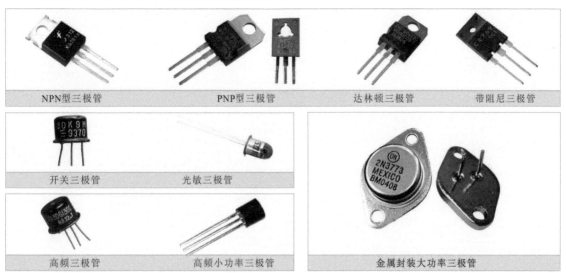

图 1-29　常见的三极管实物外形

不同类型三极管的工作极性完全不同。三极管三个电极的电流方向是确定的，不同极性三极管的电流方向不相同，如图 1-30 所示。使用时，三极管的极性不要弄错，以免烧坏三极管。

● NPN 型三极管工作时，集电极 c 和基极 b 接正电源，电流由集电极 c 和基极 b 流向发射极 e，其图形符号中箭头向外表示电流方向，如图 1-30（a）所示。

● PNP 型三极管工作时，集电极 c 和基极 b 接负电源，电流由发射极 e 流向集电极 c 和基极 b，其图形符号中箭头向里表示电流方向，如图 1-30（b）所示。

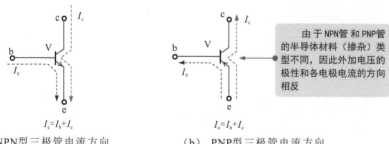

（a）NPN型三极管电流方向　　　　（b）PNP型三极管电流方向

图 1-30　三极管的极性

三极管最主要的作用就是对信号进行放大，除此之外，在电路中还可作为振荡器件和电子开关。

1　三极管的放大作用

三极管最基本的作用之一就是放大，如图 1-31 所示，当输入信号加至三极管的基极时，基极电流 I_b 随之变化，进而使集电极电流 I_c 产生相应的变化。由于三极管本身具有放大倍数 β，因此根据电流的放大关系 $I_c=\beta I_b$，使经过三极管后的信号放大了 β 倍，输出信号经耦合电容 Cc 阻止直流后输出，在电路的输出端便得到放大后的信号波形。

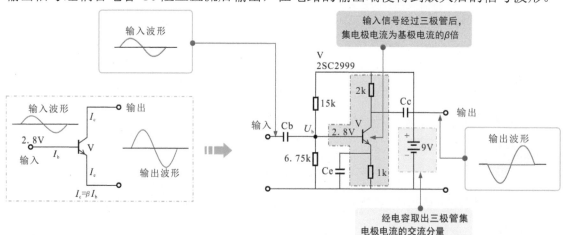

图 1-31　三极管的放大原理实例

2　三极管构成的振荡电路

图 1-32 为三极管构成的振荡电路。其中，三极管（V）和变压器（T）等组成变压器反馈音频振荡器，由于变压器（T）初级绕组和次级绕组之间的倒相作用，因此三极管集电极的谐振信号经变压器（T）耦合后反馈到三极管的基极上形成振荡。由于该振荡器的频率在音频范围内，因而该电路可作为电子门铃电路。

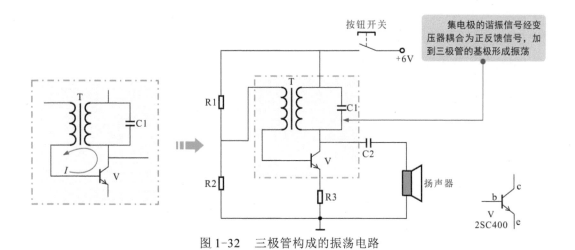

图 1-32　三极管构成的振荡电路

在识读电路图时，三极管的标识主要有三极管产品名称、材料 / 极性、类型、序号、规格号等相关信息，识读三极管的标识信息对分析、检修电路十分重要。

图 1-33 为基本放大电路中的三极管标识。

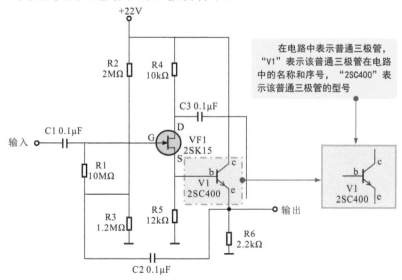

图 1-33　基本放大电路中的三极管标识

 在三极管的图形符号中标识了三个引脚的极性。这三个电极可以根据图形符号中引线的外形区分。基极（b）为控制极，其电流大小控制集电极（c）和发射极（e）的电流大小。

1.1.6　识读电路图中的场效应晶体管

场效应晶体管（FET）是一种利用电场效应控制电流大小的半导体器件，也是一种具有 PN 结结构的半导体器件。与普通半导体三极管的不同之处在于，场效应晶体管是电压控制器件。场效应晶体管的电路图形符号及实物外形如图 1-34 所示，在电路中用字母"VF"表示。由图可知，场效应晶体管主要分为两大类：结型场效应晶体管和绝缘栅型场效应晶体管。

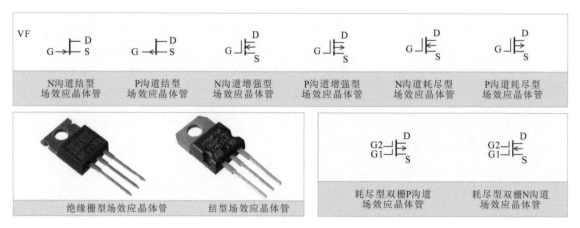

N沟道结型 场效应晶体管	P沟道结型 场效应晶体管	N沟道增强型 场效应晶体管	P沟道增强型 场效应晶体管	N沟道耗尽型 场效应晶体管	P沟道耗尽型 场效应晶体管

绝缘栅型场效应晶体管 结型场效应晶体管	耗尽型双栅P沟道 场效应晶体管 耗尽型双栅N沟道 场效应晶体管

图 1-34　场效应晶体管的电路图形符号及实物外形

场效应晶体管和其他元器件在电子产品电路图中可构成直流偏压电路和放大电路。

▍1　场效应晶体管的直流偏压电路

由场效应晶体管等元器件构成的直流偏压电路可分为自偏压电路和分压式自偏压电路，如图 1-35 所示。

图 1-35　由场效应晶体管构成的直流偏压电路

　　在场效应晶体管自偏压电路中，由于耗尽型场效应晶体管即使在 $U_{GS}=0$ 时，也有漏源电流流过 RS，而栅极是经电阻 RG 接地的，所以在静态时，栅极和源极之间将有负栅压。

　　$U_{GS}=-I_DR_S$，适当选择 R_S，可获得合适的栅极偏压 U_{GS}。增强型场效应晶体管只有栅源电压先达到某个开启电压 $U_{GS(th)}$ 时才有漏极电流 I_D。因此，这类管子不能采用如图 1-35（a）所示的自偏压电路，应采用分压式自偏压电路。

　　在场效应晶体管的分压式自偏压电路中，分压式自偏压电路是在图 1-35（a）的基础上加接分压电阻后组成的。漏极电源 $+U_{DD}$ 经分压电阻 RG1 和 RG2 分压后，通过 RG3 供给栅极电压为 $U_G=R_{G2}U_{DD}/(R_{G1}+R_{G2})$。

　　漏极电流在源极电阻 RS 上也产生压降 $U_{GS}=I_DR_S$。

　　此时的栅源电压 $U_{GS}=U_G-U_S=\dfrac{R_{G2}}{R_{G1}+R_{G2}}U_{DD}-I_DR_S=-(I_DR_S-\dfrac{R_{G2}}{R_{G1}+R_{G2}}U_{DD})$，适用于增强型场效应晶体管电路。

▍2　由场效应晶体管构成的放大电路

根据输入、输出和公共端选择方式的不同，场效应晶体管放大电路可分为共源极放大电路、共漏极放大电路和共栅极放大电路。图 1-36 为共源极放大电路。

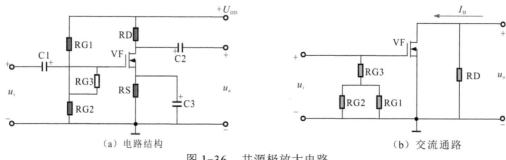

（a）电路结构　　　　　　　　　　　　　　（b）交流通路

图 1-36　共源极放大电路

交流信号由栅极输入，漏极输出，源极为公共端。其中，C1、C2 为耦合电容，起到隔直流、通交流的作用。电容 C3 为源极旁路电容，可消除 RS 对交流信号的负反馈。

图 1-37 为由场效应晶体管等元器件构成的收音机高放电路。天线接收的无线电波信号由 C1 耦合到由 L1、C2 组成的谐振电路，经选频后，信号由 VF1 场效应晶体管进行高频放大，放大后的信号由 C4 耦合到中频电路。

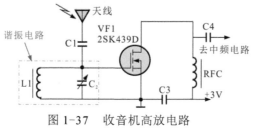

图 1-37　收音机高放电路

在识读电路图时，场效应晶体管的标识主要有极性、材料、类型、规格号等相关信息，识读场效应管的标识信息对分析、检修电路十分重要。图 1-38 为典型电压放大电路中场效应晶体管的电路标识。

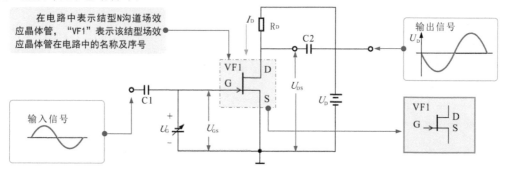

图 1-38　典型电压放大电路中场效应晶体管的电路标识

1.1.7　识读电路图中的晶闸管

晶闸管又称可控硅，也是一种半导体器件，除了具有单向导电特性外，还可作为整流管或可控开关。晶闸管由两个 P 型半导体和两个 N 型半导体交替叠合 P-N-P-N 四层构成（双向晶闸管由 N-P-N-P-N 5 层半导体叠成）。图 1-39 为晶闸管的结构和电路图形符号，三个引出电极分别是阳极（A）、阴极（C）和控制极（G），在电路中，晶闸管用符号"VT"表示。

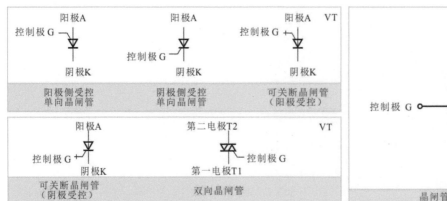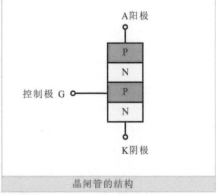

图 1-39　晶闸管的结构和电路图形符号

常见的晶闸管有单向晶闸管、双向晶闸管和可关断晶闸管等几种，实物外形如图 1-40 所示。

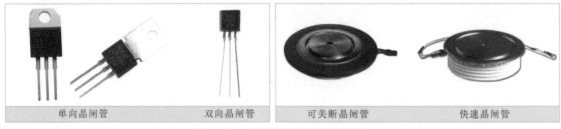

图 1-40　典型晶闸管的实物外形

晶闸管在电路中的功能是用作无触点开关、可控整流、调压、调光、调速和逆变电路等。

▌1　晶闸管可以用作无触点开关

图 1-41 为晶闸管在报警电路中的应用，当探头检测到异常情况时，输出一正脉冲 U_G 至晶闸管 VT 的控制极，使晶闸管 VT 导通，报警器报警，直至手动断开开关 S 时才停止报警。

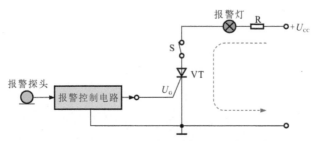

图 1-41　晶闸管在报警电路中的应用

▌2　双向晶闸管可以用作无触点交流开关

图 1-42 为电饭煲加热器控制电路，当控制电路输出控制电压时，双向晶闸管 VT 导通，交流 220V 电压加到加热器上，开始炊饭。当饭炊熟后，锅底温度上升，温控器自动断开，停止炊饭。

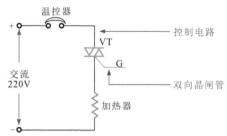

图 1-42　双向晶闸管可用作无触点交流开关（电饭煲加热器控制电路）

‖ 3　晶闸管可以构成可控整流电路

如图 1-43 所示，只有当控制极有正触发脉冲 U_G 时，晶闸管 VT1、VT2 才导通、整流，每当交流电压过零时，晶闸管关断。改变触发脉冲 U_G 在交流电每半周内出现的迟早（相位），即可改变晶闸管的导通角，从而改变输出到负载直流电压的大小。该电路必须有一个专门产生触发脉冲的电路。

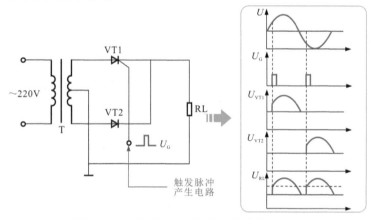

图 1-43　晶闸管可以构成可控整流电路

1.1.8　识读电路图中的变压器

变压器可以看做是由两个或多个电感线圈构成的，是变换交流电压的元器件。它利用电感线圈靠近时的互感原理，将电能或信号从一个电路传向另一个电路。图 1-44 为变压器的电路图形符号。由图可知，变压器在电路中通常用字母"T"表示。

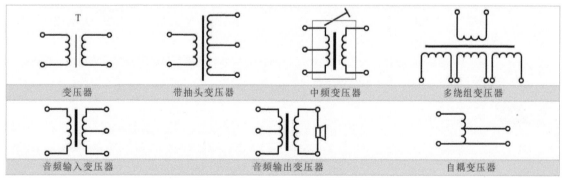

图 1-44　变压器的电路图形符号

常见的变压器有低频变压器（如电源变压器、音频变压器）、中频变压器、高频变压器、脉冲变压器等，是电子产品中的常用元器件。图 1-45 为变压器的实物外形。

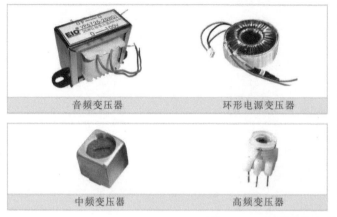

图 1-45　变压器的实物外形

在电路中，变压器的作用是传输交流、隔离直流，并可同时实现电压变换、阻抗变换和相位变换。

▌1　变压器的电压变换作用

如图 1-46 所示，变压器次级电压的大小取决于次级绕组与初级绕组的匝数比。可以将变压器的初级绕组和次级绕组看成是两个电感。当交流 220V 流过初级绕组时，在初级绕组上形成感应电动势，产生交变的磁场，使铁芯磁化。次级绕组受到初级绕组的感应也产生与初级绕组变化相同的交变磁场，根据电磁感应原理，次级绕组便会产生与初级绕组同频率的交流电压。这就是变压器的电压交换作用。

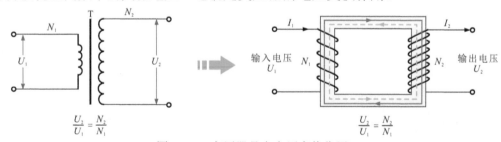

图 1-46　变压器具有电压变换作用

空载时，输出电压与输入电压之比等于次级绕组的匝数 N_2 与初级绕组的匝数 N_1 之比，即 $U_2/U_1=N_2/N_1$。

变压器的输出电流与输出电压成反比（$I_2/I_1=N_1/N_2$）。通常，降压变压器输出的电压降低，但输出的电流增强了，具有输出强电流的能力。

▌2　变压器的阻抗变换作用

图 1-47 为变压器阻抗变换功能电路图。变压器初级绕组与次级绕组的匝数比不同，耦合过来的阻抗也不同。在数值上，次级绕组阻抗 Z_2 与初级绕组阻抗 Z_1 之比，等于次级绕组匝数 N_2 与初级绕组匝数 N_1 之比的平方。

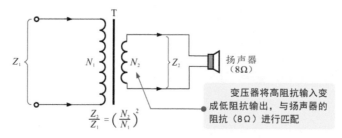

$$\frac{Z_2}{Z_1} = \left(\frac{N_2}{N_1}\right)^2$$

变压器将高阻抗输入变
成低阻抗输出，与扬声器的
阻抗（8Ω）进行匹配

图 1-47　变压器具有阻抗变换的功能

▌3　变压器的相位变换作用

图 1-48 为变压器在电路中相位变换的功能电路图。由图可知，各个绕组线圈的瞬时电压极性通过改变变压器绕组的接法可以很方便地将信号的相位倒相。

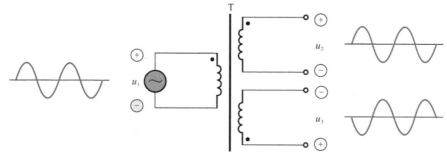

图 1-48　变压器在电路中相位变换的功能电路图

▌4　变压器的电气隔离功能

根据变压器的变压原理，初级绕组部分的交流电压是通过电磁感应原理"感应"到次级绕组上的，没有进行实际的电气连接，因而变压器具有电气隔离功能。

图 1-49 为变压器具有电气隔离的功能。

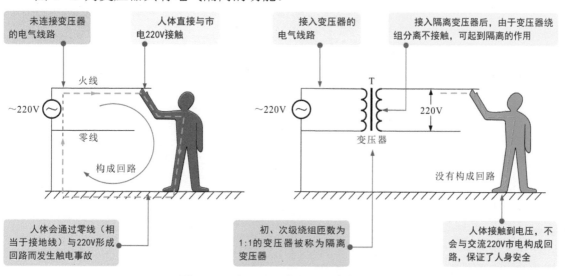

图 1-49　变压器具有电气隔离的功能

1.2.1 电源电路的识读方法

电源电路是为家电产品各单元电路提供工作电压的电路。该电路的电压以交流电源（这种电源是城市中统一标准的交流电源，被称为市电，是交变的，频率为50Hz，电压幅度为220V）为主。交流电压在电源电路中被整流、滤波输出直流电压，为家电产品中的单元电路提供电压。下面介绍几种典型电源电路的识读方法。

1 直流并联稳压电源电路的识读方法

图1-50为直流并联稳压电源电路，主要应用于收音机电路中，交流220V电压经变压器降压后输出8V交流低压，经桥式整流堆输出约为11V直流电压，再经C1滤波，R、VDZ稳压，C2滤波后，输出6V直流稳压。电路中使用两只电解电容进行平滑滤波。

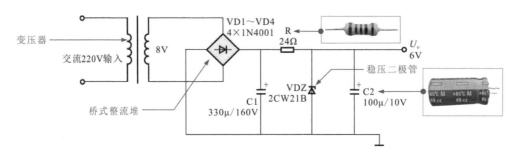

图 1-50　直流并联稳压电源电路的识读方法

2 小功率可变直流稳压电源电路的识读方法

图1-51为小功率可变直流稳压电源电路，采用三端集成稳压器，由8个电阻器组成的分压电路可以提供图中所示的6组电压数值，通过选择不同的电压值，在输出端可以得到不同的电压。

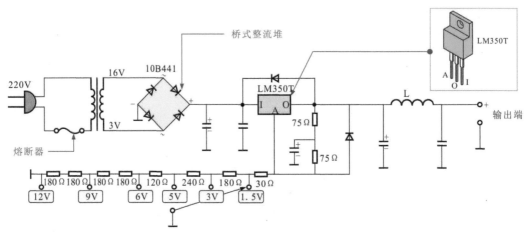

图 1-51　小功率可变直流稳压电源电路的识读方法

控制电路是对家电产品各部分控制的电路。不同的电子产品，其控制电路的控制方式也有所不同，因此在维修电子产品之前，首先要识读控制电路，了解控制电路的控制流程，可方便检修。下面介绍几种典型控制电路的识读方法。

1 报警灯控制电路的识读方法

图 1-52 为报警灯控制电路，晶闸管在电路中起到了可控开关的作用。只要有触发信号加到晶闸管的触发端（G），晶闸管便会导通，触发信号消失，晶闸管仍保持导通状态。当物体 A 被移动到光电检测区时，发光二极管发的光被遮挡，光敏晶体管无光照射而截止。VD1 的正端电压上升，呈正向偏置，电压经 R2、VD1 为三极管 V1 提供基极电流，使 V1 导通。V1 导通瞬间为晶闸管的触发端提供触发电压，晶闸管导通，报警灯电流因增加而发光。在这种情况下，即使物体 A 离开光电检测区，晶闸管仍处于导通状态，报警灯保持，只有关断一下 K1，才能使电路恢复初始等待状态。

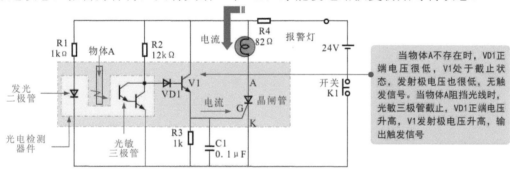

图 1-52 报警灯控制电路的识读方法

2 遥控接收和控制电路的识读方法

图 1-53 为遥控接收和控制电路，遥控信号的接收、放大和滤波整形电路采用 MC3373 集成电路。

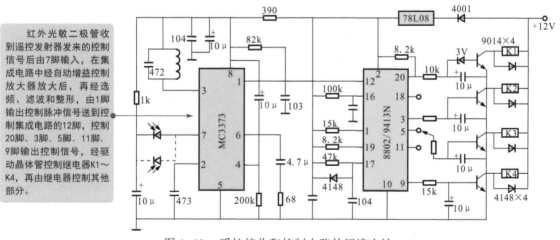

图 1-53 遥控接收和控制电路的识读方法

23

驱动电路通常位于主电路和控制电路之间，主要是用于放大控制电路的信号。下面介绍一下典型驱动电路的识读。

1 玩具车电动机驱动电路的识读方法

图 1-54 是玩具车电动机驱动电路，是一种光控双向旋转驱动电动机电路。光敏晶体管接在 V1 的基极电路中，有光照时，V1 导通，V2 截止，V3 导通，V4 导通，V5 导通，有电流 I_1 出现，电动机正转；无光照时，V1 截止，V6 导通，V7 导通，V8 导通，有电流 I_2 出现，电动机反转。

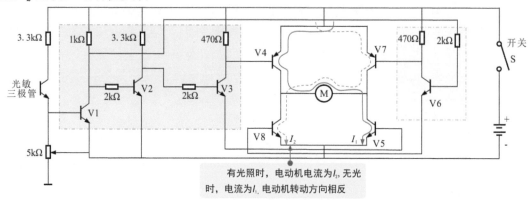

有光照时，电动机电流为 I_2，无光时，电流为 I_1，电动机转动方向相反

图 1-54　玩具车电动机驱动电路的识读方法

2 录音机中直流电动机驱动电路的识读方法

图 1-55（a）是采用电压反馈方式的直流电动机驱动电路，利用 NE555 时基集成电路输出的开关脉冲经 V01 晶体管驱动电动机旋转。NE555 的 2 脚为负反馈信号输入端，通过反馈环路实现稳速控制，2 脚外接电位器 VR1，可对速度进行微调。图 2-55（b）是采用速度反馈方式的电动机驱动电路，在电动机上设有测速信号发生器 TG，速度信号经整流滤波后变成直流电压反馈到 NE555 的 2 脚，经检测和比较后，由 3 脚输出可变控制信号，从而达到稳速的目的。

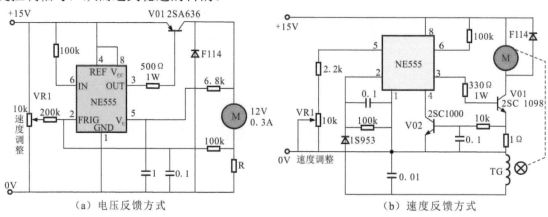

（a）电压反馈方式　　　　　　　　　　（b）速度反馈方式

图 1-55　录音机中直流电动机驱动电路的识读方法

检测电路的主要功能是对家电产品中的某一状态进行检测或监控，并根据检测结果进行相关的操作，实现对电路的保护、控制及显示等功能。

1　物体位移检测电路的识读方法

图1-56为物件位移检测电路（防盗报警），也可用于其他环境的检测，按键开关接通后，有电压（12V）加到发光二极管及其驱动电路。开关（S）设置在被检测的机构上，在正常状态下，开关（S）接通，晶体管的基极处于反向偏置状态而截止，电流直接由开关S流走。一旦被检测机构有异常情况使开关S断开，+12V电源经电路和二极管VD1使三极管满足导通条件，即发射结正偏、集电结反偏，发光二极管便会处于工作状态，发出报警信号。

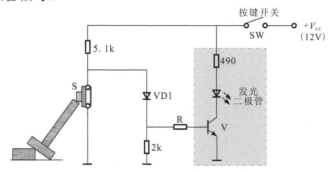

图1-56　物体位移检测电路的识读方法

2　温度检测电路的识读方法

图1-57为温度检测电路，主要是利用运算放大器构成的。MC1403为基准电压产生电路，2脚输出的基准电压（2.5V）经电阻（2.4kΩ）和电位器RP1等元件分压后加到运算放大器IC1的同相输入端，热敏电阻PT100接在运算放大器的负反馈环路中。环境温度发生变化时，热敏电阻的阻值也会随之变化。IC1的输出电压加到IC3的反相输入端，经IC3放大后作为温度传感信号输出，IC1相当于一个测量放大器，IC2是IC1的负反馈电路，RP2、RP3可以微调负反馈量，可提高测量的精度和稳定性。

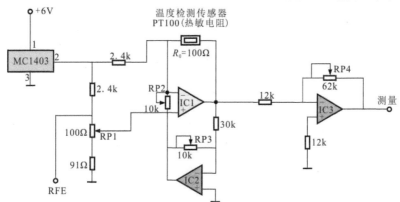

图1-57　温度检测电路的识读方法

接口电路是家电产品中数据输入、输出的重要部分，可以实现家电产品之间的数据传输与转换。接口电路是家电产品中故障率较高的部位，所以在检修前，首先要了解接口电路的识读方法。下面介绍一下典型接口电路的识读。

1 USB接口电路的识读方法

图1-58为USB接口电路，主要应用于播放器中，由电源引脚、数据引脚和接地引脚构成。接口电路还包括电感L1及电阻R6、R7等元器件，主要用于保护USB接口及滤除传输信号所受到的干扰。

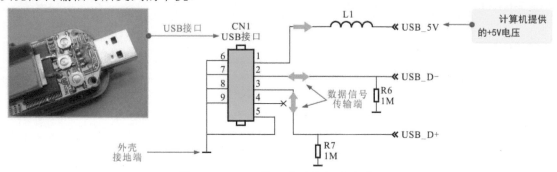

图1-58　USB接口电路的识读方法

2 温度传感器接口电路的识读方法

图1-59为空调器室外机的温度传感器接口电路，微处理器的15脚、16脚、17脚外部为温度传感器信号输入端，用于输入环境温度、盘管温度和压缩机排气温度传感器的检测信息。热敏电阻与接口电路中的电阻构成分压电路，温度变化会引起热敏电阻阻值的变化，阻值的变化会引起分压电路分压点的电压变化，送入微处理器的是电压值。也就是说，该温度的变化量由接口电路变成电压的变化量，在CPU中经A/D变换器和运算处理电路进行处理，是微处理器控制的依据。如果温度出现异常，则微处理器会实施保护停机。

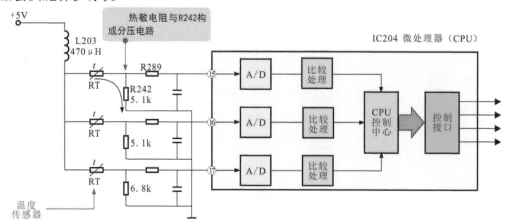

图1-59　温度传感器接口电路的识读方法

信号处理电路主要是将信号源发出的信号进行放大、检波等，得到家电产品所需的信号。识读时，首先要了解该电路的特点和基本工作流程，然后根据电路中各关键元器件的作用、功能特点进行识读。下面介绍几种典型信号处理电路的识读。

1 典型多声道音频信号处理电路的识读方法

图 1-60 为典型多声道音频信号处理电路，是 AV 功放设备中的立体声电路。音频信号经音源选择电路选择出 R、L 信号送到杜比定向逻辑解码电路 M69032P 中，经环绕声解码处理后有四路（多声道）输出：L、R 为立体声道信号，S 为环绕声道信号，C 为中置声道信号。S、C 声道信号经放大后驱动各自的扬声器。其中，S 声道信号再分成两路信号驱动两路扬声器。整体共有 5 个声道，可以形成临场感很强的环绕声效果。

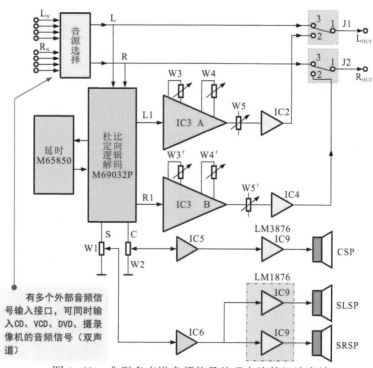

图 1-60　典型多声道音频信号处理电路的识读方法

2 典型回声信号处理电路的识读方法

图 1-61 为典型回声信号处理电路。在电路中，话筒信号经 RC 耦合电路送入 PT2399 的 16 脚，在 IC 内部延迟处理后，音频信号由 15 脚输出，同时从输出的信号中再取一部分信号经 10kΩ 电阻送入 16 脚进行二次延迟处理，这样就会使输出的信号有多次延迟的效果，形成回荡效果。

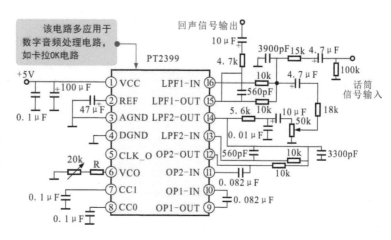

图 1-61　典型回声信号处理电路的识读方法

第2章 家电维修的基本方法和安全注意事项

2.1 家电产品检修的基本方法

2.1.1 家电产品检修的基本规律

检修家电产品时主要应遵循基本的检修顺序和基本的检修原则。

1 家电产品的基本检修顺序

由于不同电子产品的电路和结构的复杂性不同，因此在实际检修过程中，仅靠分析和诊断还不能完全判断出故障的确切位置，还需要借助检测和调整等方法。

对于初学电子产品检修的人员来说，遇到故障机时，首先要了解故障现象，然后根据故障现象分析和推断故障，进而对可疑电路或电气部件进行检测，最终排除故障，如图2-1所示。

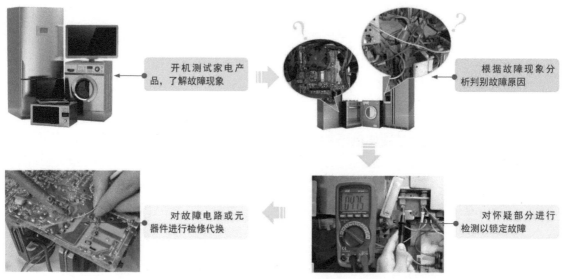

开机测试家电产品，了解故障现象

根据故障现象分析判别故障原因

对故障电路或元器件进行检修代换

对怀疑部分进行检测以锁定故障

图 2-1　家电产品检修的四个基本步骤

无论检修何种家电产品，在检修之前，必须要了解故障现象，确定故障症状。

在确定故障症状时，不要急于动手拆卸家电产品，也不要盲目使用测量仪表或工具对电路进行测量，而是要认真做一次直观检查，观察家电产品工作的环境是否正常，并注意向用户询问故障症状，然后结合用户的描述，在确保安全的前提下，可对故障家电产品进行通电试机操作。通过操控家电产品上的键钮开关，可进一步明确故障症状。

图 2-2 为彩色电视机的故障现象，先通过外观检查确定是否由外力、供电线路或人为因素造成故障的可能性，在检查过程中向用户了解彩色电视机的使用情况及故障表现，在确保环境安全的前提下可亲自开机验证故障，并通过必要的操控设置进一步确定故障症状。

图 2-2　彩色电视机的故障现象

> 　　向用户询问故障的具体表现在很多时候对维修非常有帮助。
> 　　通常，维修人员首先要向用户了解彩色电视机购买的时间及使用时间。
> 　　其次向用户询问使用情况，根据用户的使用特点和使用习惯一般可以找到故障的症结。
> 　　第三就是询问用户该彩色电视机是否有过检修历史，当时故障情况如何、哪里的问题、是否修好、前次检修距现在多长时间等。
> 　　通过这些细致的咨询，可缩小故障查找的范围，降低检修难度。

　　如图 2-3 所示，首先排查可能引发该故障的"软"故障，再进一步将故障区域缩小到功能单元或电子元器件。

图 2-3　分析和推断故障原因

> 　　在故障推断环节，对于电路结构复杂的家电产品，检修人员可借助电路图纸进行分析和判断。例如，对于彩色电视机，可通过电路图纸掌握彩色电视机电路的结构组成，进而将复杂的电路图划分成电视信号接收电路部分、音频电路部分、视频电路部分、控制电路部分、电源电路部分及显像管电路部分。如果待修彩色电视机出现控制失常的故障时，便可重点分析是否控制电路存在故障；若待修彩色电视机只是声音失常时，则可重点分析音频电路是否存在故障。
> 　　这样就可对单元电路中的信号流程进行细致分析，结合实际故障表现，对照电路板搞清引发故障的原因，做好检修计划。

接下来可借助万用表、示波器等检测仪表对怀疑电路或组成的元器件进行检测以锁定故障，这也是家电检修中的主要环节。

通常，为便于查找故障，可将被测电路沿信号流程逐级划分为若干个检测点，然后使用示波器或万用表对电路中的主信号（电压或电流）进行逐级检测。若检测信号（电压或电流）正常，则说明该部分电路正常，继续对下一个检测点进行检测，直至发现故障，便可将故障锁定在很小的区域。

锁定故障范围后便可使用万用表对该电路范围内的重点怀疑部件进行检测，一般便可找到故障原因，如图 2-4 所示。

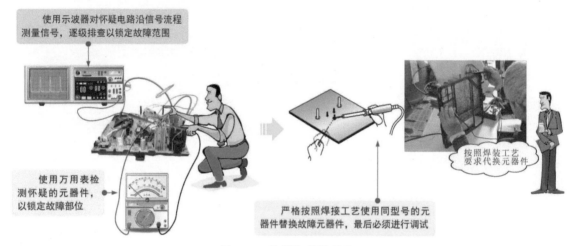

使用示波器对怀疑电路沿信号流程测量信号，逐级排查以锁定故障范围

使用万用表检测怀疑的元器件，以锁定故障部位

按照焊装工艺要求代换元器件

严格按照焊接工艺使用同型号的元器件替换故障元器件，最后必须进行调试

图 2-4 检测与排除故障

一旦确定了故障原因，就进入排除故障的环节。对于故障的排除要严格遵循检修规范，本着经济、稳妥、安全的原则，对故障电路或元器件进行修复或代换。

▌2 家电产品的基本检修原则

检修时，掌握基本的检修原则可有效降低检修难度，减少检修成本，提高检修效率。图 2-5 为家电产品检修的基本原则。

先静后动的原则　首先，故障机要先"静"后"动"。先不通电检测，通过观察找到故障线索，然后通电检测。
其次，检修人员要先"静"后"动"。先冷静分析，结合掌握的图纸资料对照故障表现冷静分析，确定检修方案后再动手操作。

先外后内的原则　先排除家电产品自身意外的故障，如电源线是否良好、连接插头是否插接到位、家电产品上的功能键钮是否在正常状态等。先排除外部原因后，再检查家电产品自身。

先共后专的原则　在检修电路时，要先考虑共用的电路，如电源电路、控制电路等，再考虑家电产品专用的功能电路。

先多后少的原则　分析故障原因时，要首先考虑最常见的多发性原因，再考虑罕见的原因。因为在检修过程中，同类型产品所表现的故障存在一定的共通性。先考虑常见的多发性原因会大大提升检修的效率。

图 2-5 家电产品检修的基本原则

检修家电产品的常用方法主要有直观检查法、对比代换法、信号注入法和电阻／电压检测法。

1 直观检查法

直观检查法是检修判断过程的第一步，也是最基本、最直接、最重要的一种方法，主要是通过看、听、嗅、摸判断故障可能发生的原因和位置，记录发生时的故障现象，从而制订有效的解决办法。图 2-6 为采用直观检查法检查家电产品的明显故障。

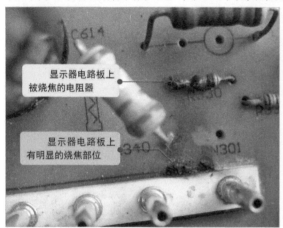
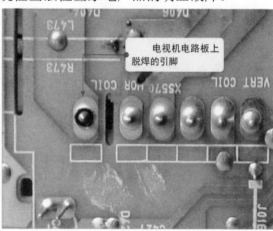

显示器电路板上被烧焦的电阻器

显示器电路板上有明显的烧焦部位

电视机电路板上脱焊的引脚

图 2-6　采用直观检查法检查家电产品的明显故障

◆ 观察家电产品是否有明显的故障现象，如是否存在元器件脱焊、断线及印制板有无翘起、裂纹等现象，以此缩小故障范围。

◆ 听家电产品内部有无明显的声音，如继电器吸合、电动机磨损噪声等。

◆ 打开外壳后，依靠嗅觉检查有无明显烧焦等异味。

◆ 用手触摸元器件，如晶体管、芯片是否比正常情况下发烫或松动，机械部位有无明显卡紧无法伸缩等，如图 2-7 所示。

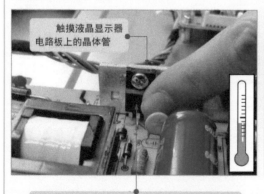

触摸液晶显示器电路板上的晶体管

在采用触摸法时，应特别注意安全，一般可通电一段时间，切断电源后，再触摸检查

触摸彩色电视机电路板上的芯片

图 2-7　采用触摸法检查家电产品是否存在故障

▌ 2 　对比代换法

对比代换法是用好的部件去代替可能有故障的部件，以判断故障可能出现的位置和原因。

例如，检修电磁炉等产品时，若怀疑 IGBT（电磁炉中关键的器件）故障，则可用已知良好的 IGBT 代换，如图 2-8 所示。若代换后故障被排除，则说明可疑元器件确实损坏；如果代换后故障依旧，则说明另有原因，需要进一步核实检查。

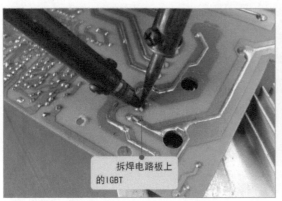

拆焊电路板上的IGBT

用良好的 IGBT代换

图 2-8　使用对比代换法代换 IGBT

使用对比代换法时应注意以下几点。

◆ 依照故障现象判断故障：

根据故障现象类别判断是不是由某一个部件引起的故障，从而考虑需要代换的部件。

◆ 按先简单再复杂的顺序进行代换：

家电产品发生故障的原因是多方面的，而不是仅仅局限在某一点或某一个部件上，在不明确具体的故障原因使用代换法检测故障时，要按照先简单后复杂的顺序进行测试。

◆ 优先检查供电故障：

优先检查怀疑有故障部件的电源、信号线，其次代换怀疑有故障的部件、供电部件，最后代换相关的其他部件。

◆ 重点检测故障率高的部件：

经常出现故障的部件应最先考虑。若判断可能是由于某个部件所引起的故障，但又不敢肯定是否一定是由此部件引起的故障时，便可以先用好的部件代换以便进行测试。

▌ 3 　信号注入法

信号注入法是应用最广泛的一种检修方法，具体的方法是，为待测家电产品输入相关的信号，通过对该信号处理过程的分析和判断，检查各级处理电路的输出端有无该信号，从而判断故障所在。

该方法遵循的基本判断原则为，若一个元器件输入端信号正常而无输出，则可怀疑该元器件损坏（注意，有些元器件需要具备基本的工作条件，如工作电压，只有在输入信号和工作电压均正常的前提下，无输出时，才可判断该元器件损坏）。

图 2-9 为采用信号注入法检测彩色电视机是否正常。

图 2-9 采用信号注入法检测彩色电视机是否正常

▌ 4 电阻／电压检测法

●电阻检测法是指在断电状态下，使用万用表检测怀疑元器件的阻值，并根据检测结果判断故障范围或故障元器件。图 2-10 为采用电阻检测法检测典型家电产品中元器件的阻值。

●电压检测法是指在通电状态下，使用万用表检测怀疑电路中某部位或某元器件引脚端的电压值，并根据检测结果判断故障范围或故障元器件。

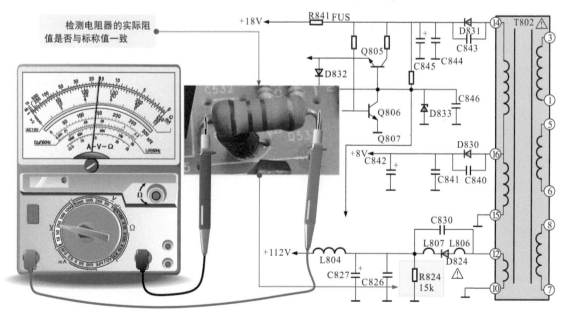

图 2-10 采用电阻检测法检测典型家电产品中元器件的阻值

2.2.1 家电产品检修过程中的设备安全

家电产品在检修过程中需要注意设备的安全，如在拆装过程中、检测过程中、焊接过程中及代换过程中的设备安全。

▌ 1 家电产品在拆装过程中的安全注意事项

家电产品在拆装过程中需要注意的安全事项主要有操作环境的安全和操作过程中的安全。在拆卸家电产品前，首先需要清理现场环境，拆装一些电路板集成度比较高、采用贴片式元器件较多的家电产品时，应采取相应的防静电措施，如操作台采用防静电桌面、佩戴防静电手套、手环等，如图 2-11 所示。

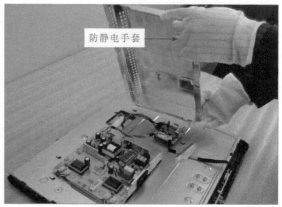

图 2-11　防静电操作环境及防静电设备

很多家电产品的外壳是采用卡扣卡紧的，在拆卸外壳时，首先注意先"感觉"一下卡扣的位置和卡紧方向，必要时使用专业的撬片（如拆卸液晶显示器、手机时），避免使用铁质工具强行撬开，否则会留下划痕，甚至会造成外壳开裂，影响美观，除此之外，还应注意将外壳轻轻提起一定缝隙，通过缝隙观察外壳与电路板之间是否连接数据线缆后，再进行相应的操作，如图 2-12 所示。

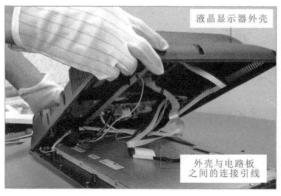
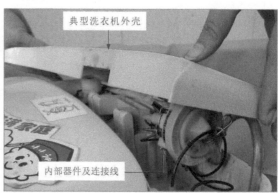

图 2-12　拆卸外壳时的注意事项

拆卸典型部件时，应先整体观察部件与其他电路板之间是否有引线连接、弹簧、卡扣等，并注意观察与其他部件或电路板之间的安装关系、位置等，防止安装不当引起故障。图2-13为拆卸家电产品典型部件时的注意事项。

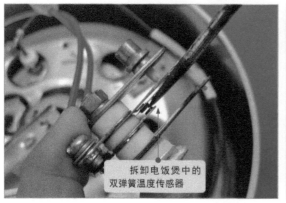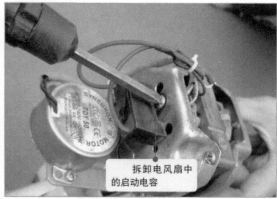

图 2-13　拆卸家电产品典型部件时的注意事项

在插拔内部接插件时，一定要用手抓住插头后再插拔，不可抓住引线直接拉拽，以免造成连接引线或接插件损坏。另外，插拔时还应注意插件的插接方向，如图2-14所示。

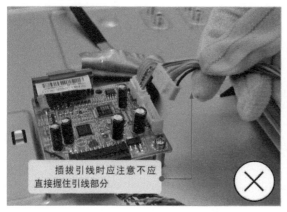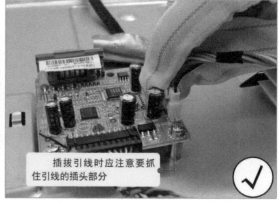

图 2-14　插拔时的注意事项

▌2　家电产品在检测过程中的安全注意事项

为了防止在检测过程中出现新的故障，除了应遵循正确的操作规范和良好的习惯外，针对不同类型器件的检测还要采取相应的安全操作方法。下面分别针对分立元器件、贴片元器件和集成电路介绍具体的检测注意事项。

●分立元器件是指普通直插式的电阻、电容、晶体管、变压器等，在动手对这些元器件进行检修前，需要首先了解基本的检修注意事项。

在静态环境下检测分立元器件是指在不通电状态下的检测。在这种环境下的检测较为安全，但对于大容量的电容器等元器件，即使在静态环境下检测，在检测之前也需要对其进行放电操作。因为大容量电容器存储有大量的电荷，若不放电直接检测，则极易造成设备损害。

图 2-15 为在检测数码相机中电容器的错误操作。

图 2-15　检测电容器时的错误操作

　　由于该电容器在检测前未经放电处理，电容器内的大量电荷在两表笔接触引脚的瞬间产生"火球"，对测量造成一定程度的危害。

　　正确方法是在检测之前用一只小电阻与电容器两引脚相接，释放掉存储在电容器中的电荷，防止在检测时发生此类危险事故。

　　在通电检测元器件时，通常是检测电压及信号波形，此时需要将检测仪器的相关表笔或探头接地，首先找到准确的接地点后再测量，即测量前可了解电路板上哪一部分带有交流 220V 电压，通常与交流火线相连的部分被称为"热地"，不与交流 220V 电源相连的部分被称为"冷地"，如图 2-16 所示。

图 2-16　"热地、冷地"区域标识

 　　除了要注意电路板上的"热地"和"冷地"外，还要注意在通电检修前要安装隔离变压器，严禁在无隔离变压器的情况下，用已接地的示波器检测热地区域内电路元器件的信号波形，应对被测电路使用隔离变压器供电，避免发生人身触电事故。

　　检测时，接地安全操作是非常重要的，应首先将仪器、仪表的接地端接地，避免测量时误操作引起短路的情况。若某一电压直接加到晶体管或集成电路的某些引脚上，则可能会将元器件击穿损坏。检测设备接地端接地如图 2-17 所示。

图 2-17　检测设备接地端接地

 在检修过程中，不要佩戴金属饰品，如带金属手链检修液晶显示器，则手链滑过电路板会造成某些部位短路，损坏电路板上的晶体管和集成电路，使故障范围扩大。

●贴片元器件相对于分立元器件来说，体积较小，集成度较高。常见的贴片元器件有很多种，如贴片电阻、贴片电容、贴片电感、贴片晶体管等。

使用仪器、仪表通电检测贴片元器件时，要注意将家电产品的外壳接地，以免造成触电事故。对于引脚较密集的贴片元器件，要注意应将仪器、仪表的表笔准确对准待测点，为了测量准确，也可将大头针连接在表笔上，如图 2-18 所示，可避免因表头的粗大造成测量失误或造成相邻元器件引脚间短接损坏。

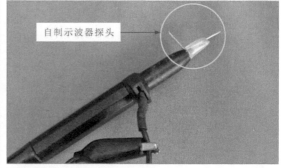

图 2-18　自制万用表表笔及示波器探头

●集成电路的内部结构较复杂，引脚数量较多，在检修集成电路时，首先要了解集成电路及其相关电路的工作原理，即集成电路的功能、内部电路、主要电参数、各引脚的作用及各引脚的正常电压、波形、与外围元器件组成电路的工作原理，如图 2-19 所示，检测时，要握住表笔或示波器探头，以防止出现短接引脚的情况。若集成电路引脚过密，则可对测试探头进行必要的改装。

图 2-19　借助万用表检测密集引脚集成电路的外围元器件

在家电产品的检修过程中，元器件代换是检修中的关键步骤，经常会使用电烙铁、吸锡器等焊接工具，由于焊接工具在通电的情况下使用时温度很高，因此要正确使用，以免烫伤。图 2-20 为焊接工具的正确使用方法。

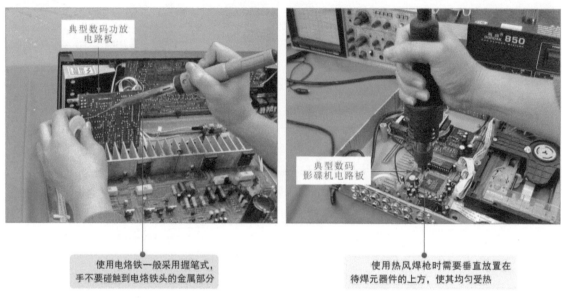

典型数码功放电路板

典型数码影碟机电路板

使用电烙铁一般采用握笔式，手不要碰触到电烙铁头的金属部分

使用热风焊枪时需要垂直放置在待焊元器件的上方，使其均匀受热

图 2-20　焊接工具的正确使用方法

焊接工具使用完毕后，要将电源切断，放到不易燃的容器或专用电烙铁架上，如图 2-21 所示，以免因焊接工具温度过高引起易燃物燃烧，引起火灾。

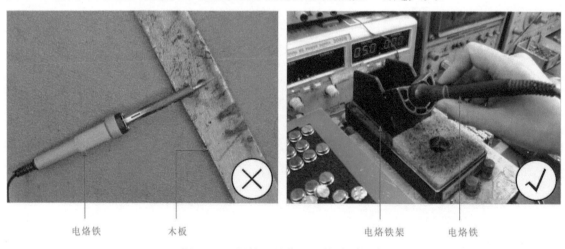

电烙铁　　　木板

电烙铁架　　　电烙铁

图 2-21　焊接工具使用后的放置操作

　　另外，焊接场效应管和集成电路时，需要先把电烙铁的电源切断，以防电烙铁漏电造成元器件的损坏。通电检查功放电路部分时，不要让功率输出端开路或短路，以免损坏相关的元器件。

▌4　电子元器件在代换过程中的注意事项

初步判断故障后，代换损坏的元器件是检修中的重要步骤，此时需要特别注意要保证代换的可靠性。

更换大功率晶体管和厚膜块时要装上散热片。若晶体管对底板不是绝缘的，则应注意安装云母绝缘片，如图2-22所示。

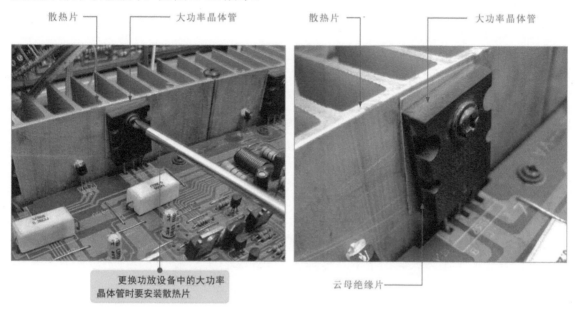

图 2-22　更换大功率晶体管时的注意事项

代换一般的电阻器、电容器等元器件时，应尽量选用与原元器件参数、类型、规格相同的元器件。另外，选用元器件代换时应注意元器件的质量，切忌不可贪图便宜使用劣质产品。

更换损坏的元器件后，不要急于开机验证故障是否被排除，应注意检测与故障元器件相关的电路，防止存在其他故障未被排除，在试机时，再次烧坏所代换上的元器件。例如，在检查电视机电路时发现电源开关管、行输出管损坏后，更换新管的同时要注意行输出变压器是否存在故障，可先检测行输出变压器，更换新管后，开机一会儿立即关机，用手摸一下开关管、行输出管是否烫手，若温度高，则要进一步检查行输出变压器，否则会再次损坏开关管、行输出管。

▌5　家电产品在维修过程中的安全操作规程

仪表是维修工作中必不可少的设备，在较大的维修站，仪表的数量和品种比较多，通常要根据各维修站的特点，制订自己的仪表使用管理及操作规程。每种仪表都应有专人负责保管和维护，使用要有手续，主要是保持仪表的良好状态，此外还要考虑使用时的安全性（人身安全和设备安全两个方面）。

仪表通常还要经常进行校正，以保证测量的准确性。每种仪表都应有安全操作规程和使用说明书。使用仪表前应认真阅读使用说明书及注意事项，使用后应有登记，注明时间及工作状态。特殊仪表使用前，还应对使用人员进行培训。

由于检修家电产品常常需要整机拆卸、带电检测和焊接操作，因此除注意设备安全外，还要特别注意人身安全。

如图 2-23 所示，对于一些体积较大的家电产品，在拆卸过程中，常常由于电器使用时间较长或机体衔接处锈住、卡死等情况造成拆卸困难，此时检修人员一定不要着急，可使用润滑松锈剂辅助拆卸，切忌不可盲目大力操作，否则常常会因用力过猛无法控制动作，导致划伤、磕伤的事故。

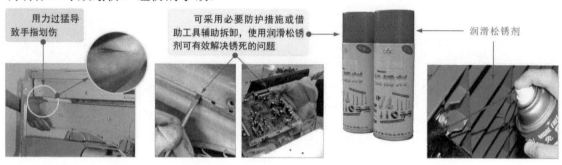

图 2-23 拆卸过程中的人身安全

如图 2-24 所示，目前很多现代家电产品多采用开关电源，由于电路的特点和结构的差异，使电路板整体或局部带电。为确保安全，检修人员最好采用 1:1 隔离变压器，将故障家电产品与交流市电完全隔离，保证人身安全。另外，在更换元器件或电路板之前一定要先断电，以防触电。

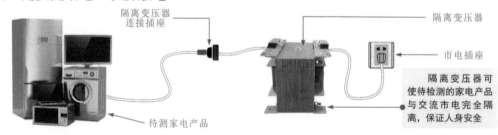

图 2-24 人身安全隔离防护示意图

在代换电路元器件时，常需要使用电烙铁或热风焊机，如图 2-25 所示，要特别注意焊接设备的使用安全，妥善做好防护，以防止烫伤事故的发生。

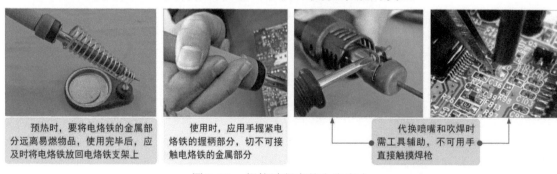

图 2-25 焊接过程中的人身安全

第3章　家电维修中的信号检测

一般在放大电路中引入正反馈，使电路产生稳定可靠的振荡，便可产生交流正弦信号。

3.1.1　交流正弦信号的特点

在实际生活中使用最多的就是正弦交流电，即大小和方向随时间按正弦规律周期性变化的交流电，可用交流正弦信号表示。

1　交流正弦信号的波形

图 3-1 为交流正弦信号的波形与非正弦信号波形的对比。

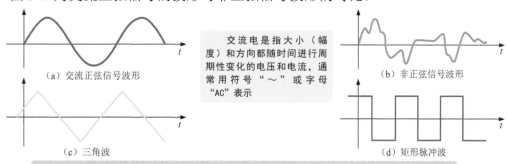

（a）交流正弦信号波形

交流电是指大小（幅度）和方向都随时间进行周期性变化的电压和电流，通常用符号"～"或字母"AC"表示

（b）非正弦信号波形

（c）三角波

（d）矩形脉冲波

（a）为交流正弦信号波形，是按照正弦规律变化的信号；（b）为非正弦信号波形，可分解为多个不同频率和幅度的正弦波形；（c）和（d）分别为三角波和矩形脉冲波

图 3-1　交流正弦信号波形与非正弦信号波形的对比

图 3-2 为正弦交流电的波形图。正弦交流电有瞬时值和最大值（或称幅值）之分。瞬时值通常用小写字母（如 u、i）表示；最大值通常用 U_m、I_m 表示。

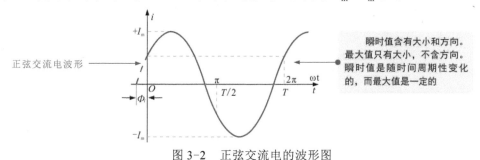

正弦交流电波形

瞬时值含有大小和方向。最大值只有大小，不含方向。瞬时值是随时间周期性变化的，而最大值是一定的

图 3-2　正弦交流电的波形图

由于交流电的方向是反复变化的，因此在分析交流电时总是人为地规定电流和电压的参考方向。要注意的是，参考方向并不是实际方向。如果由参考方向计算出的电流或电压为正值，则表明实际方向与参考方向相同；如果为负值，则表明实际方向与参考方向相反。

▌2　交流正弦信号的主要物理参数

图 3-3 为交流正弦信号中的主要物理参数。

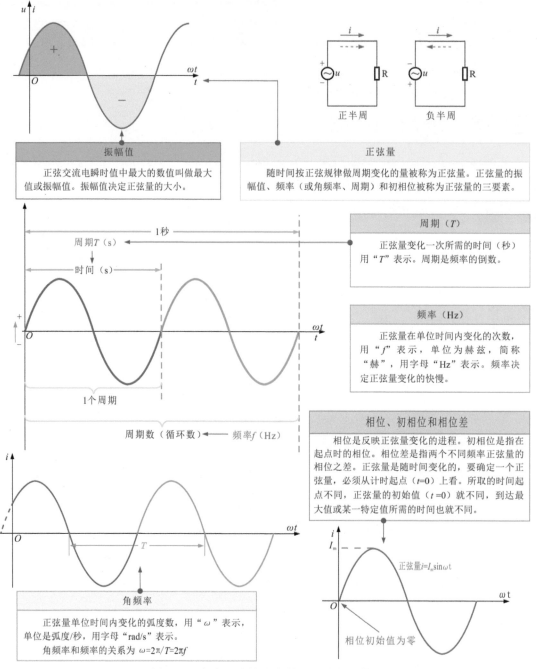

图 3-3　交流正弦信号中的主要物理参数

测量交流正弦信号可使用信号源为某一电路提供信号后，再用示波器检测，也可以直接使用示波器检测某一电源电路。

1   信号源输出交流正弦信号的检测

使用函数信号发生器输出一个交流正弦信号为放大器提供输入信号，再使用示波器检测输出信号，如图 3-4 所示。

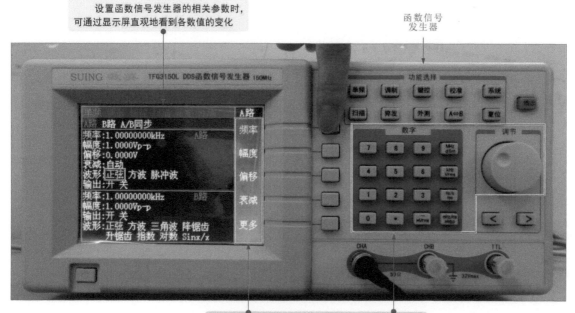

设置函数信号发生器的相关参数时，可通过显示屏直观地看到各数值的变化

函数信号发生器

通过操作按键和旋钮设置正弦输出信号的参数，使函数信号发生器的输出频率为2kHz的正弦波

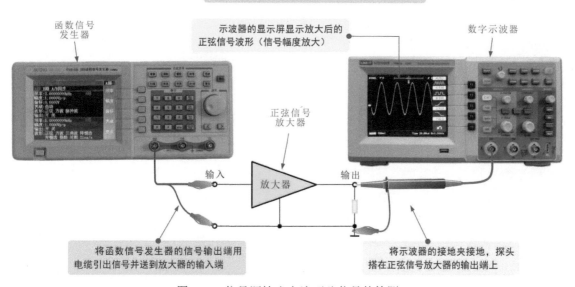

函数信号发生器

示波器的显示屏显示放大后的正弦信号波形（信号幅度放大）

数字示波器

正弦信号放大器

输入   放大器   输出

将函数信号发生器的信号输出端用电缆引出信号并送到放大器的输入端

将示波器的接地夹接地，探头搭在正弦信号放大器的输出端上

图 3-4   信号源输出交流正弦信号的检测

函数信号发生器可以产生频率和幅度可调的正弦波，当发出频率为 2kHz 的正弦波时，可在示波器的显示屏上显示该交流正弦信号。若信号频率发生变化，则示波器上显示的正弦信号波形也会发生变化，如图 3-5 所示。

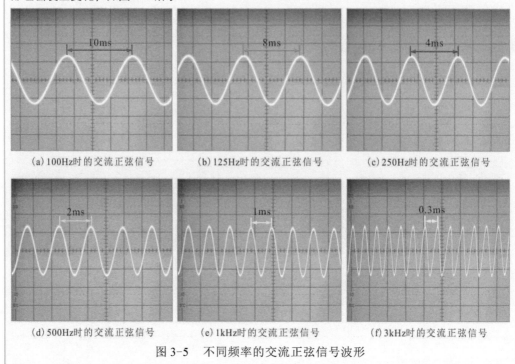

(a) 100Hz时的交流正弦信号　　　(b) 125Hz时的交流正弦信号　　　(c) 250Hz时的交流正弦信号

(d) 500Hz时的交流正弦信号　　　(e) 1kHz时的交流正弦信号　　　(f) 3kHz时的交流正弦信号

图 3-5　不同频率的交流正弦信号波形

2　电源电路中交流正弦信号的检测

图 3-6 为电源电路中的信号波形。

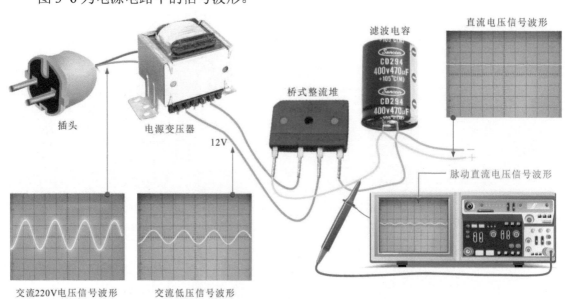

图 3-6　电源电路中的信号波形

3.2　音频信号的特点与检测

音频信号是电子电路中常见的一种信号，在彩色电视机、VCD/DVD 等影音产品中可以检测到。

3.2.1　音频信号的特点

音频信号是指语音、音乐之类的声音信号。音频信号的频率、幅度与声音的音调、强弱相对应。在电子产品中，音频信号分为两种，即模拟音频信号和数字音频信号，如图 3-7 所示。

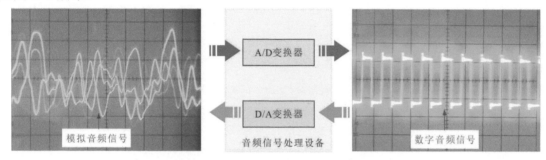

图 3-7　模拟音频信号和数字音频信号

　音频信号是一种连续变化的模拟信号，可用一条连续的曲线来表示。模拟音频信号在进行数字处理时，要先变成数字信号，数字信号可以进行存储、编码、解码、压缩、解压缩、纠错等处理，经处理后还要变回模拟信号。

1　模拟音频信号的特点

模拟音频信号在时间轴上是连续的信号，可以模拟连续变化的物理量或物理量数值的大小，如图 3-8 所示。

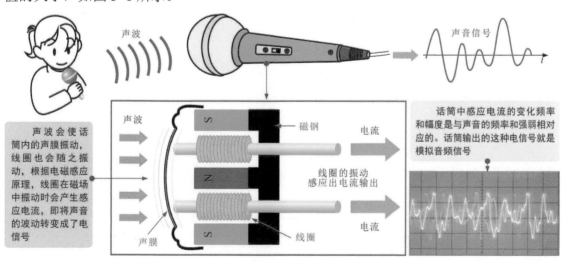

图 3-8　模拟音频信号的产生

音频信号中用幅度值模拟音量的高、低，用频率模拟音调的高、低，如图3-9所示。

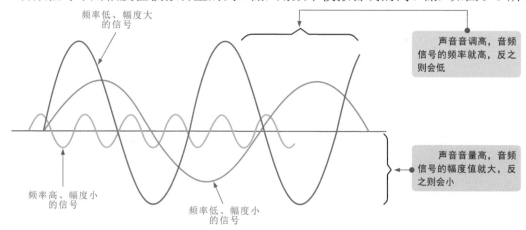

图 3-9　模拟音频信号的波形

　　模拟信号具有直观、形象的特点，但是模拟信号精度低，表示的范围小，容易受到干扰。如果模拟信号受到干扰信号的侵扰，信号就会变形，就不能准确地反映原信号的内容。在电子设备中，模拟信号经种种处理和变换，往往会受到噪声和失真的影响。在电路中，从输入端到输出端，尽管信号的形状大体没有变化，但信号的信噪比和失真度可能已经大大变差了。在模拟设备中，这种信号的劣化是无法避免的。

图3-10 为模拟音频信号传输（广播）方式示意图。

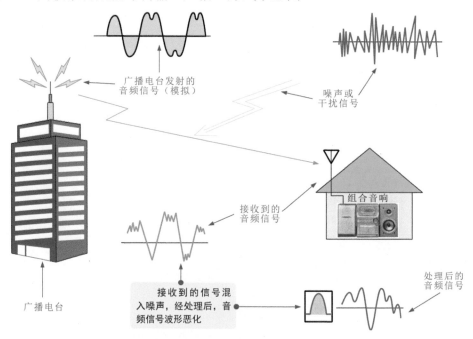

图 3-10　模拟音频信号传输方式示意图

　　模拟信号经传输后会受到噪声和干扰的影响，使接收的信号中混入噪声和干扰信号，采取一些技术措施（滤波、陷波）也不能完全消除噪声的影响。

数字音频信号代表信息的物理量是一系列数字组的形式，在时间轴上是不连续的，如图 3-11 所示。

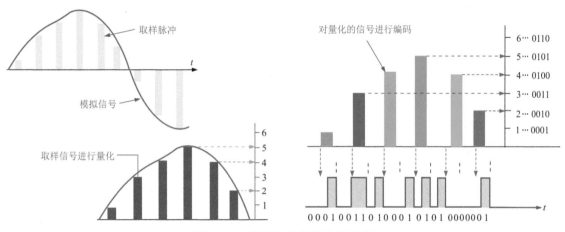

图 3-11　模拟信号的数字化过程

　　模拟信号的数字化过程是取样、量化和编码的过程。以一定的时间间隔对模拟信号取样，再将取样值用数字组表示。数字信号在时间轴上是离散的，表示幅度值的数字量也是离散的。因为幅度值是由有限的状态数表示的，所以将模拟信号转换成数字信号，并以数字的形式进行处理、传输或存储，便可克服模拟信号的不足。

图 3-12 为数字音频信号传输（广播）方式示意图。

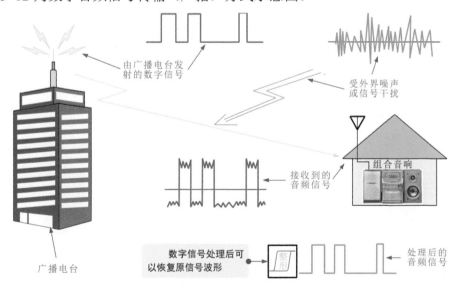

图 3-12　数字音频信号传输方式示意图

　　数字信号在传输过程中同样会受到噪声和干扰的影响，由于数字信号传输的是脉冲信号，脉冲信号经限幅处理后可以消除噪声和干扰的影响，因而采用数字信号的方式可以消除波形恶化的问题。

音频信号送入扬声器等输出设备便能够发出声音,可以通过示波器在电子电路中测量。图 3-13 为电视机中的音频信号。

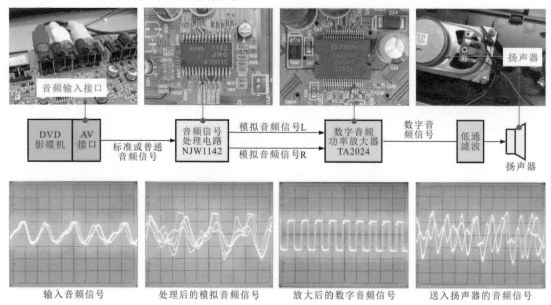

图 3-13　电视机中的音频信号

根据上述信号流程找到 AV 接口、音频信号处理电路、数字音频功率放大器及扬声器的音频信号输入和输出引脚都能够检测到音频信号波形。

1　检测输入的音频信号

如图 3-14 所示,模拟电视机 AV 接口与 DVD 影碟机相连,由 DVD 送入标准或普通音频信号,将示波器接地夹接地,探头搭在 AV 接口处,检测输入的音频信号。

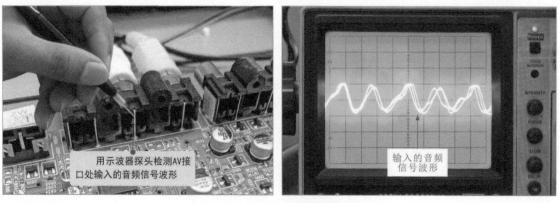

图 3-14　检测输入的音频信号

2　检测音频信号处理电路的输出音频信号

如图 3-15 所示,由 AV 接口送入的音频信号送到音频信号处理电路中,经过处理后输出模拟音频信号。同样，将示波器的接地夹接地，探头搭在音频信号处理电路的输出引脚上，可检测输出的模拟音频信号。

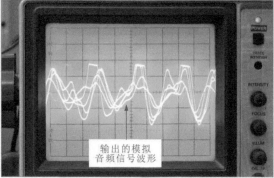

图 3-15　检测音频信号处理电路的输出音频信号

▌3　检测放大后的数字音频信号

如图 3-16 所示，处理后的音频信号送入数字音频功率放大器放大后，输出数字音频信号。

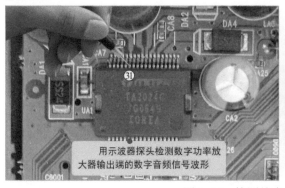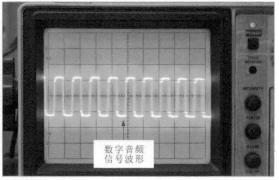

图 3-16　检测放大后的数字音频信号

▌4　检测输出的音频信号

如图 3-17 所示，数字音频信号经过转换后送入扬声器中，使用示波器在扬声器的引脚处应能检测到输出的音频信号波形。

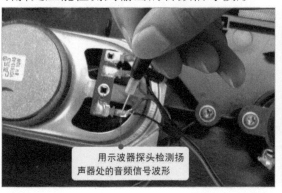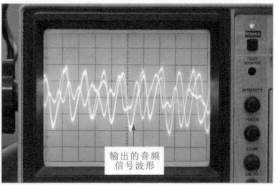

图 3-17　检测输出的音频信号

视频信号是彩色电视机等显示设备中最常见的一种信号，在电子电路检测过程中常会对视频信号进行检测。

3.3.1 视频信号的特点

视频信号包括亮度信号、色度信号、复合同步信号及色同步信号。这些信号对图像还原起着重要的作用。

图 3-18 为黑白阶梯图像及其信号波形。在图像信号中用电平的高、低表示图像的明暗，图像越亮，电平越高，图像越暗，电平越低。白色物体的亮度电平最高。黑色电平和消隐电平基本相等，即显像管完全不发光。

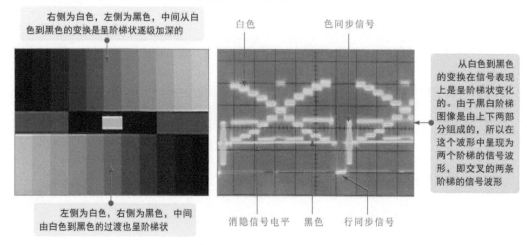

右侧为白色，左侧为黑色，中间从白色到黑色的变换是呈阶梯状逐级加深的

白色　色同步信号

从白色到黑色的变换在信号表现上是呈阶梯状变化的。由于黑白阶梯图像是由上下两部分组成的，所以在这个波形中呈现为两个阶梯的信号波形，即交叉的两条阶梯的信号波形

左侧为白色，右侧为黑色，中间由白色到黑色的过渡也呈阶梯状

消隐信号电平　黑色　行同步信号

图 3-18　黑白阶梯图像及其信号波形

图 3-19 为标准彩条图像及其信号波形。图像经过编码电路形成一种标准的彩条信号，每一条代表一种颜色。实际上，该信号的不同颜色是用色负载波的不同相位来表示的。

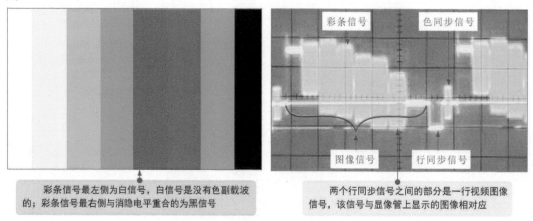

彩条信号　色同步信号

图像信号　行同步信号

彩条信号最左侧为白信号，白信号是没有色副载波的；彩条信号最右侧与消隐电平重合的为黑信号

两个行同步信号之间的部分是一行视频图像信号，该信号与显像管上显示的图像相对应

图 3-19　标准彩条图像及其信号波形

如图 3-20 所示，把标准彩条信号的波形展开，将行同步、色同步信号部分放大，可看到左侧是行同步信号，在行同步信号的台阶上面是色同步信号，在色同步信号里面为 4.43MHz 的色副载波。它是一个逐行倒像信号，即每一行的相位都要反转 180°。

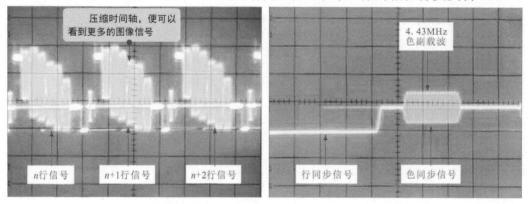

图 3-20　同步和色同步信号波形

如图 3-21 所示，图像中左侧的空挡是场同步信号，将场同步信号部分展开，从左侧依次是前均衡脉冲、场同步脉冲和后均衡脉冲。

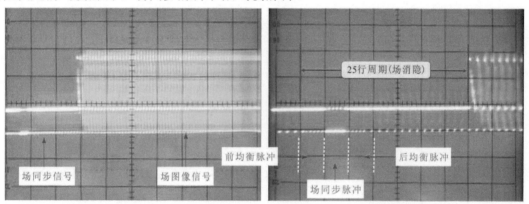

图 3-21　场图像和场同步信号波形（右图为场同步信号展开波形图）

显示器件在播放景物图像视频时，视频信号的波形会随景物内容的变化而发生变化，检测时，常常会选择标准图像信号作为视频信号，以便于调试和分析。图 3-22 为景物图像及其信号波形。

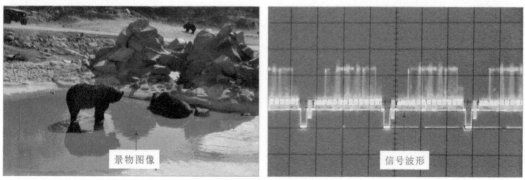

图 3-22　景物图像及其信号波形

视频信号的检测方法与音频信号基本相同，一般也使用示波器进行检测。

1 检测 DVD 影碟机输出的视频信号

检测 DVD 影碟机输出的视频信号时，需要用到示波器、标准信号测试光盘、DVD机及连接线等，如图 3-23 所示。

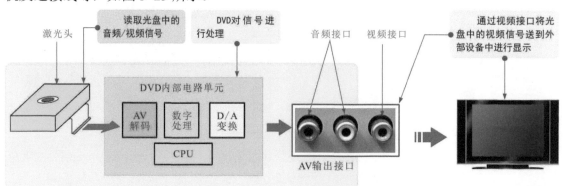

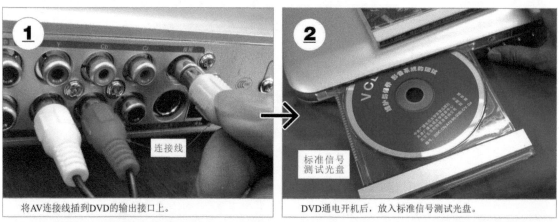

将AV连接线插到DVD的输出接口上。

DVD通电开机后，放入标准信号测试光盘。

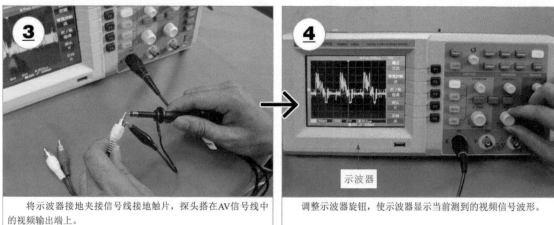

将示波器接地夹接信号线接地触片，探头搭在AV信号线中的视频输出端上。

调整示波器旋钮，使示波器显示当前测到的视频信号波形。

图 3-23 检测 DVD 影碟机输出的视频信号

下面以 TCL-2116E 型彩色电视机中的单片集成电路 LA76810 为例，介绍视频信号的检测方法，如图 3-24 所示。

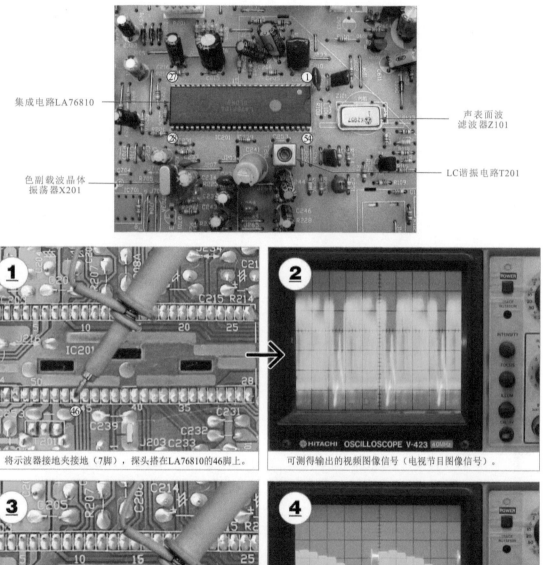

集成电路LA76810

声表面波滤波器Z101

色副载波晶体振荡器X201

LC谐振电路T201

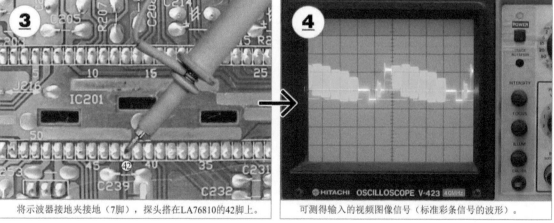

将示波器接地夹接地（7脚），探头搭在LA76810的46脚上。 | 可测得输出的视频图像信号（电视节目图像信号）。

将示波器接地夹接地（7脚），探头搭在LA76810的42脚上。 | 可测得输入的视频图像信号（标准彩条信号的波形）。

图 3-24　检测彩色电视机中的视频信号

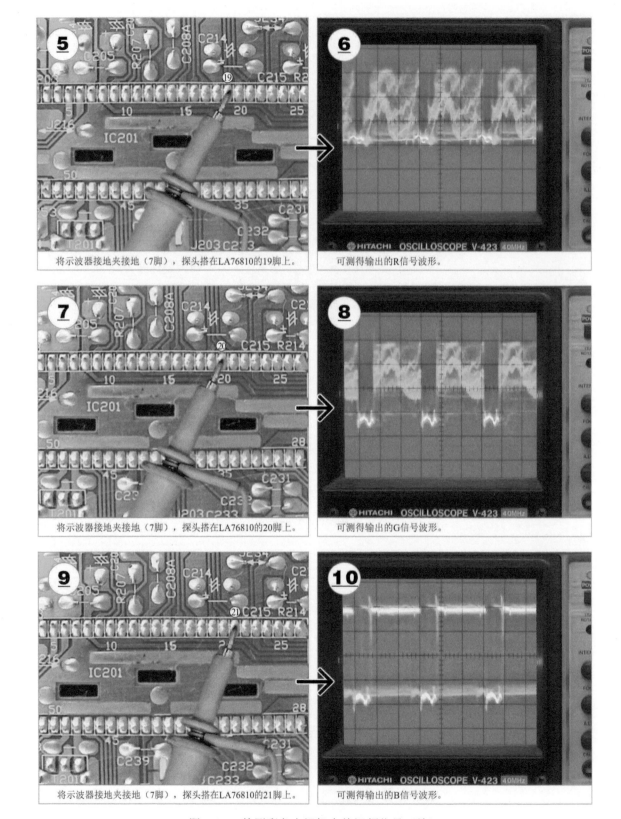

5 将示波器接地夹接地（7脚），探头搭在LA76810的19脚上。

6 可测得输出的R信号波形。

7 将示波器接地夹接地（7脚），探头搭在LA76810的20脚上。

8 可测得输出的G信号波形。

9 将示波器接地夹接地（7脚），探头搭在LA76810的21脚上。

10 可测得输出的B信号波形。

图 3-24　检测彩色电视机中的视频信号（续）

脉冲信号是指一种持续时间极短的电压或电流波形，如彩色电视机中的行／场扫描信号、键控脉冲信号等。

3.4.1 脉冲信号的特点

凡不具有持续正弦形状的波形，几乎都可以称为脉冲信号。它可以是周期性的，也可以是非周期性的。图 3-25 为脉冲信号的波形。

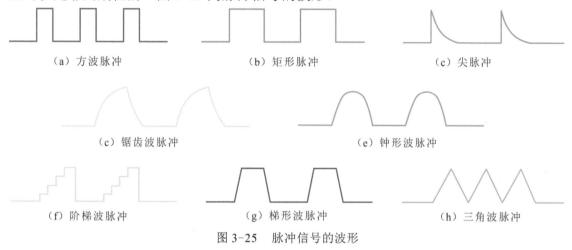

（a）方波脉冲　　　（b）矩形脉冲　　　（c）尖脉冲

（c）锯齿波脉冲　　　（e）钟形波脉冲

（f）阶梯波脉冲　　　（g）梯形波脉冲　　　（h）三角波脉冲

图 3-25　脉冲信号的波形

若按极性，常把相对于零电平或某一基准电平、幅值为正时的脉冲称为正极性脉冲，反之称为负极性脉冲（简称正脉冲和负脉冲）。图 3-26 为正、负脉冲信号波形。

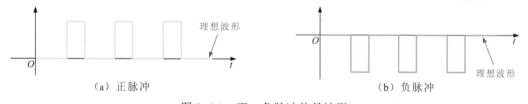

（a）正脉冲　　　　　　　　　　（b）负脉冲

图 3-26　正、负脉冲信号波形

理想的矩形脉冲信号波形由低电平到高电平或从高电平到低电平都是突然垂直变化的。但实际上，脉冲从一种电位状态过渡到另一种电位状态总要经历一定的时间，与理想波形相比，波形也会发生一些畸变。图 3-27 为实际矩形脉冲信号波形。

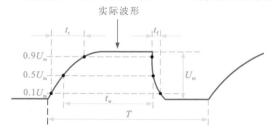

图 3-27　实际矩形脉冲信号波形

图 3-38 为脉冲信号波形各部分的名称。

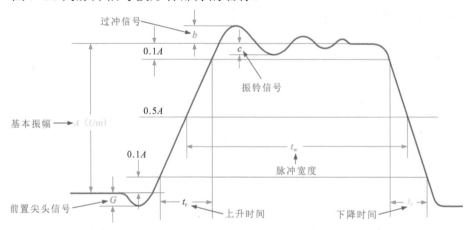

图 3-28　脉冲信号波形各部分的名称

图 3-29 为脉冲上升时间和下降时间。脉冲上升沿是指信号由 10% 上升到最大幅度 90% 时所需要的时间。下降沿则是从 90% 下降到 10% 所需要的时间。

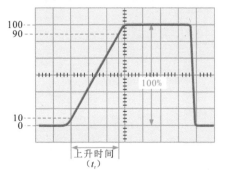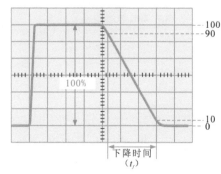

图 3-29　脉冲上升时间和下降时间

如图 3-30 所示，按下开关 S，反相器 A 的输出端会形成启动脉冲信号。1 脚会形成启动脉冲，2 脚的电容被充电形成积分信号，2 脚充电电压达到一定的电压值时，反相器控制脉冲信号产生电路 C 振荡，3 脚输出脉冲信号，1 脚信号经反相器 D 后，加到与非门 E，5 脚输出键控信号。

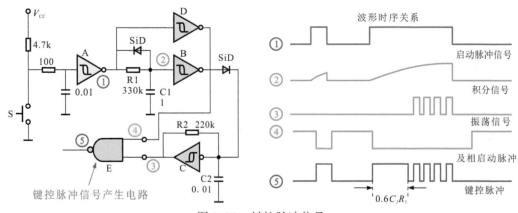

图 3-30　键控脉冲信号

检测脉冲信号可使用信号源提供信号，再用示波器进行检测，也可以直接使用示波器在某一电路中检测脉冲信号。

1 矩形脉冲信号的检测

使用信号发生器输出一个矩形脉冲信号，再使用示波器检测信号发生器输出端的信号波形，如图 3-31 所示。

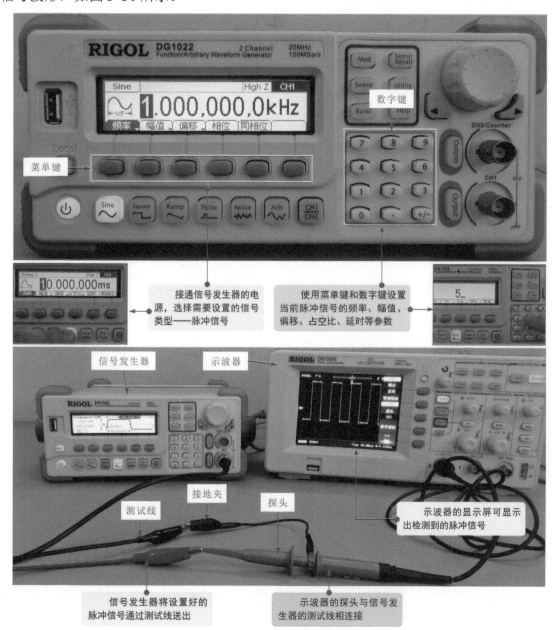

接通信号发生器的电源，选择需要设置的信号类型——脉冲信号

使用菜单键和数字键设置当前脉冲信号的频率、幅值、偏移、占空比、延时等参数

信号发生器

示波器

示波器的显示屏可显示出检测到的脉冲信号

测试线

接地夹

探头

信号发生器将设置好的脉冲信号通过测试线送出

示波器的探头与信号发生器的测试线相连接

图 3-31 矩形脉冲信号的检测

图 3-32 为检测彩色电视机中行、场扫描电路的信号波形。

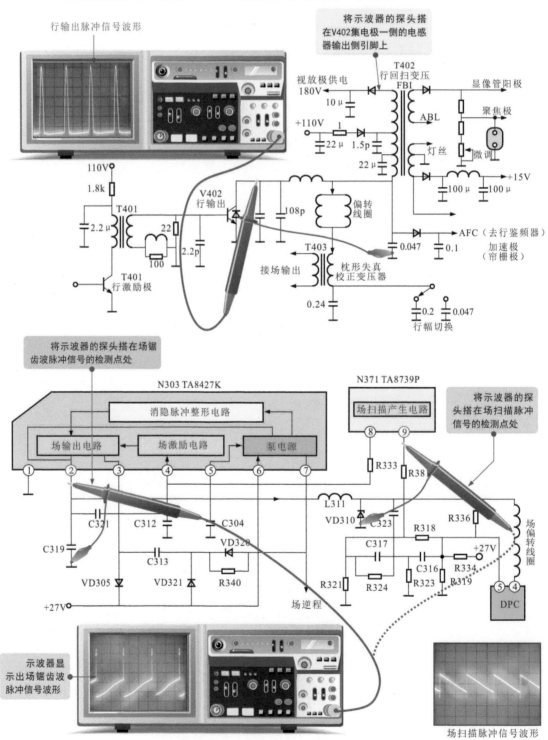

图 3-32　检测彩色电视机中行、场扫描电路的信号波形

数字信号在很多电子产品中都可以见到，如 DVD 影碟机、液晶电视机、显示器等新型电子产品中。随着科技的发展，数字信号的应用也越来越广泛。

3.5.1 数字信号的特点

数字信号的幅度取值是离散的。幅值表示被限制在有限数值之内的信号。该信号可以实现长距离、高质量的传输。例如，二进制码就是一种数字信号，受噪声影响小，很容易在数字电路中进行处理。图 3-33 为卡拉 OK 电路中的数字信号波形。

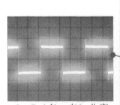

L、R（左、右）分离
时钟信号

数字音频卡拉OK电路

YAMAHA JAPAN
YSS216B-F
9702 AAPK

音频D/A变换电路

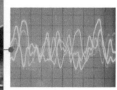

数据时钟信号

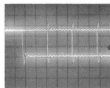

音频数据信号

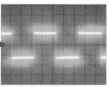

音频信号

图 3-33　卡拉 OK 电路中的数字信号波形

图 3-34 为 D/A 变换器电路中的数字信号波形。

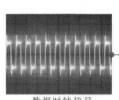

数据时钟信号

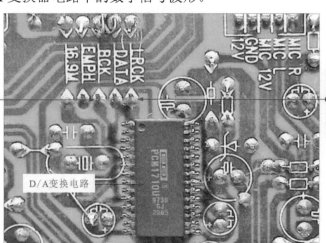

D/A变换电路

PCM1710U

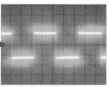

L、R（左、右）分离
时钟信号

图 3-34　D/A 变换电路中的数字信号波形

图 3-35 为检测数字音频处理电路中的数字信号。

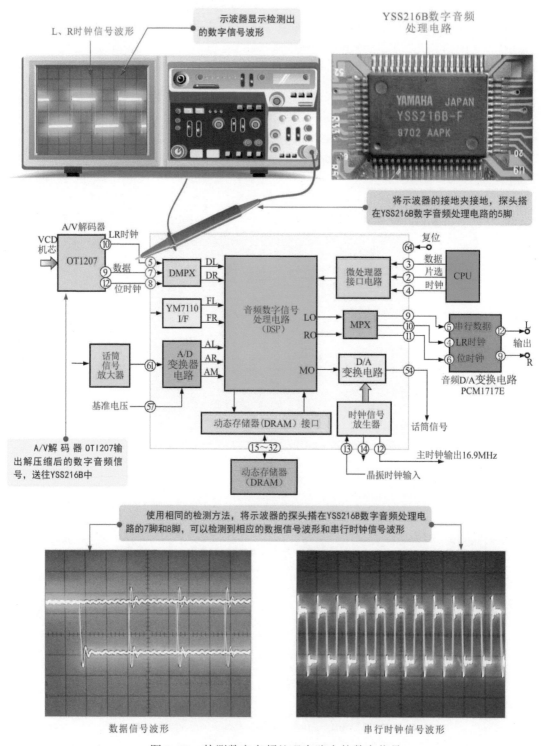

图 3-35 检测数字音频处理电路中的数字信号

高频信号在电子电路中的应用较为广泛，如通过收音机收听广播节目（高频无线电信号）、通过电视机接收高频信号播放电视节目、计算机网络使用高频信号便可互通信号、手机借助特高频信号进行通话、收发短信、卫星借助超高频信号进行通信和广播。

3.6.1 高频信号的特点

高频信号，顾名思义就是频率较高的信号，通常是由高频信号振荡器和调制器产生的。高频信号放大器就是放大高频信号的电路，如收音机、电视机、手机等产品中的高频放大电路。这些放大电路的工作频率很高。

图 3-36 为 AM 收音机的高频放大电路。其功能是放大天线接收的微弱高频信号。此外，该电路还具有选频功能。

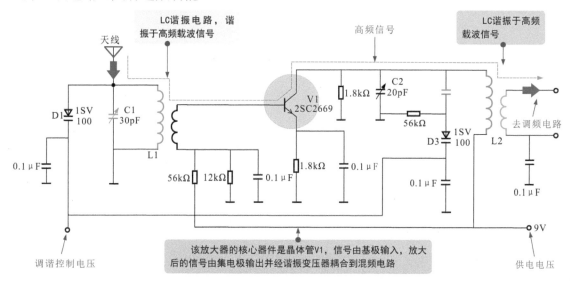

图 3-36　AM 收音机的高频放大电路

天线感应的信号加到由 L1、C1 和 D1 组成的谐振电路上，改变线圈 L1 的并联电容，就可以改变谐振频率。AM 收音机的高频放大电路采用变容二极管的电调谐方式。变容二极管 D1 在电路中相当于一个电容。电容随加在其上的反向电压变化。改变电压就可以改变谐振频率。此外，高频放大器的输出变压器初级线圈的并联电容也使用变容二极管 D3，与 D1 同步变化，C1 和 C2 可微调，可微调谐振点。

　　在无线电广播领域通常说的高频是频率为 3 ～ 30MHz 的信号频率，而对于电视广播、卫星广播所涉及的信号频率高达数 10GHz，属于高频信号的范围。
　　手机的高频放大器可放大 900MHz 和 1800MHz 的射频信号；电视机的高频放大器可放大 VHF 和 UHF 频道的信号；FM 收音机可放大 88 ～ 108MHz 的调频立体声广播信号；中波收音机可放大 500 ～ 1650kHz 的高频信号；短波收音机可放大 1.5 ～ 30MHz 的高频信号。

检测高频信号时可使用的仪器为示波器，除了使用示波器外，还可以通过万用表、扫频仪、频谱分析仪等进行检测。

1 用万用表检测高频信号

使用万用表测量高频信号时，通常是对高频信号放大器中晶体管的工作点电压进行检测，如图 3-37 所示。

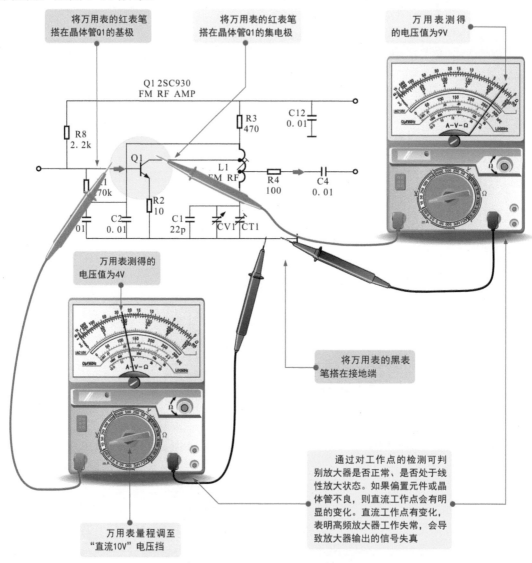

将万用表的红表笔搭在晶体管Q1的基极

将万用表的红表笔搭在晶体管Q1的集电极

万用表测得的电压值为9V

Q1 2SC930
FM RF AMP

R8
2.2k

R3
470

C12
0.01

Q1

L1
FM RF

R4
100

C4
0.01

R2
10

C2
0.01

C1
22p

CV1 CT1

万用表测得的电压值为4V

将万用表的黑表笔搭在接地端

万用表量程调至"直流10V"电压挡

通过对工作点的检测可判别放大器是否正常、是否处于线性放大状态。如果偏置元件或晶体管不良，则直流工作点会有明显的变化。直流工作点有变化，表明高频放大器工作失常，会导致放大器输出的信号失真

图 3-37 用万用表检测高频信号

2 用扫频仪检测高频信号

图 3-38 为用扫频仪检测高频信号。

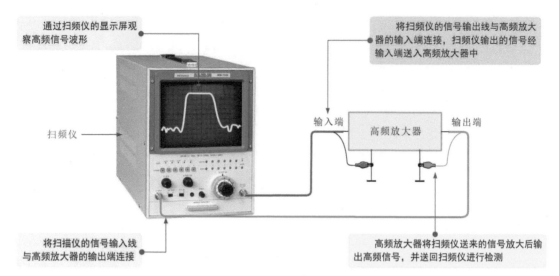

通过扫频仪的显示屏观察高频信号波形

将扫频仪的信号输出线与高频放大器的输入端连接，扫频仪输出的信号经输入端送入高频放大器中

扫频仪

输入端　高频放大器　输出端

将扫描仪的信号输入线与高频放大器的输出端连接

高频放大器将扫频仪送来的信号放大后输出高频信号，并送回扫频仪进行检测

图 3-38　用扫频仪检测高频信号

　　由于高频放大器在很多产品中都需要有一定的频带宽度，因此可以通过测量频带宽度的扫频仪检测高频信号放大器的频率特性。

　　扫频仪具有一个扫描信号发生器，可以连续输出一系列频率从低到高的信号，将这些信号送入高频信号放大器中放大后输出，再送回扫频仪中，由扫频仪接收这些信号，并检测出接收信号的频带宽度，检测的结果由屏幕显示出来。

▌3　用频谱分析仪检测高频信号

图 3-39 为用频谱分析仪检测高频信号。

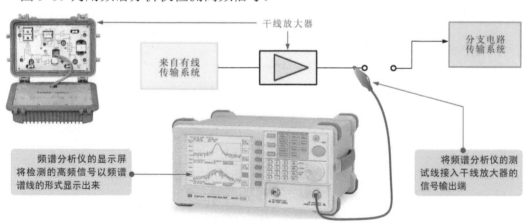

干线放大器

来自有线传输系统

分支电路传输系统

频谱分析仪的显示屏将检测的高频信号以频谱谱线的形式显示出来

将频谱分析仪的测试线接入干线放大器的信号输出端

图 3-39　用频谱分析仪检测高频信号

　　干线放大器或分支分配放大器都是一个宽频带放大器，有线电视系统中的各频道电视信号都由它进行放大，再经分支分路送往用户。

　　在工作状态，将干线放大器的输出端或信号检测端的信号送给频谱分析仪，频谱分析仪对输入的信号成分进行分析和测量，将信号中包含的各种频率成分检测出来，并以频率谱线的形式显示。显示屏上所显示的频谱谱线的高、低表示信号的强、弱。

第4章 空气净化器的结构原理与检修技能

4.1 空气净化器的结构原理

4.1.1 空气净化器的结构组成

如图 4-1 所示，空气净化器是对空气进行净化处理的机器，可以有效吸附、分解或转化空气中的灰尘、异味、杂质、细菌及其他污染物，进而为室内提供清洁、安全的空气。

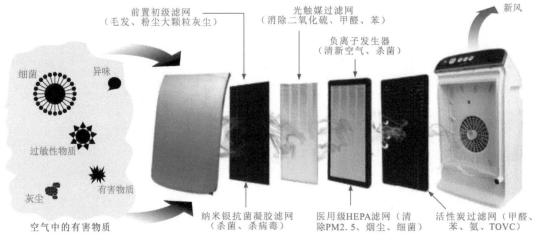

图 4-1　空气净化器的功效

空气净化器主要应用于家庭、楼宇及商业场所，种类多样，外形结构各不相同。图 4-2 为不同外形结构的空气净化器。

图 4-2　不同外形结构的空气净化器

图 4-3 为典型空气净化器的外部结构。从图中可以看出，其外部主要由操作 / 显示面板、进风口、出风口、传感器检测口等部分构成。

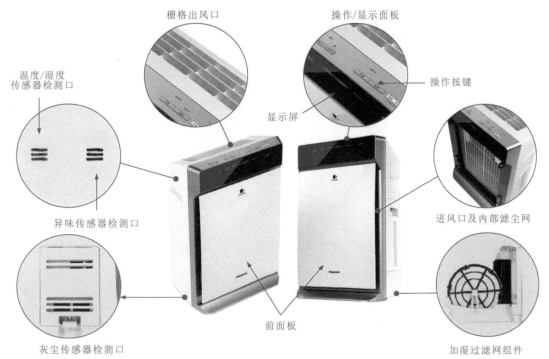

图 4-3　典型空气净化器的外部结构

图 4-4 为采用环形滤网结构的空气净化器。在使用时，空气中的各种污染物和有害物质由四周进入，经吸附、过滤、分解、转化后，新鲜安全的空气由顶部吹出。

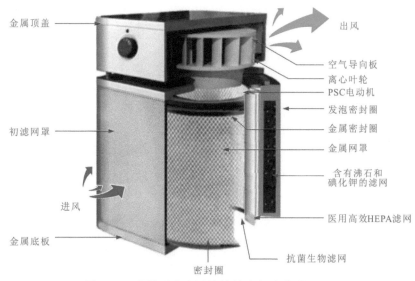

图 4-4　采用环形滤网结构的空气净化器

图 4-5 为空气净化器（PS—N551WA）的整机结构。

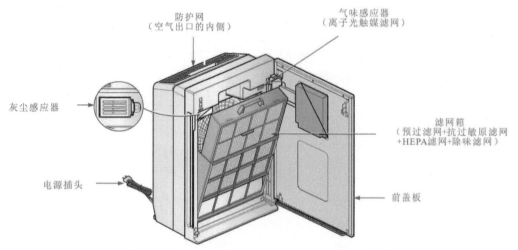

防护网
（空气出口的内侧）

气味感应器
（离子光触媒滤网）

灰尘感应器

滤网箱
（预过滤网+抗过敏原滤网
+HEPA滤网+除味滤网）

电源插头

前盖板

图 4-5　空气净化器（PS—N551WA）的整机结构

　　拆开外壳并逐步分解即可看到空气净化器的内部结构。图 4-6 为典型空气净化器的内部分解图，从分解图可以了解该机的内部结构组成。

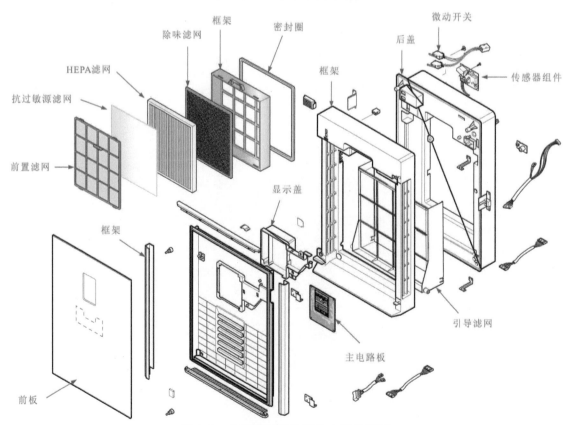

框架

密封圈

除味滤网

微动开关

后盖

HEPA滤网

框架

传感器组件

抗过敏源滤网

前置滤网

显示盖

框架

引导滤网

前板

主电路板

图 4-6　典型空气净化器的内部分解图

（1）空气净化器的空气过滤网/滤尘网

在空气净化器中，能有效捕捉、吸附、过滤、转化空气中灰尘和有害物质（细菌及其异味等）的装置或器件是过滤网，是空气净化器的核心部件。

图 4-7 为典型空气净化器中空气过滤网的结构组成。

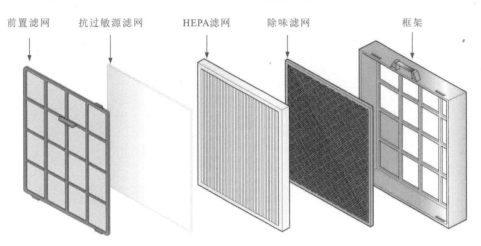

图 4-7　典型空气净化器中空气过滤网的结构组成

不同类型空气净化器所采用空气过滤网的数量和类型不同。图 4-8 为松下 F-VXL90 型空气净化器的空气过滤网。可以看到，第一层滤尘网是 HEPA 高效空气粒子过滤网，第二层是超级纳米脱臭滤尘网。这两层滤尘网镶在主机的框架中，前面是装饰盖板，后面是加湿滤尘网机构和风机。脱臭滤尘网是由活性炭制成超微细纤维制成的，用以吸附和分解臭味。

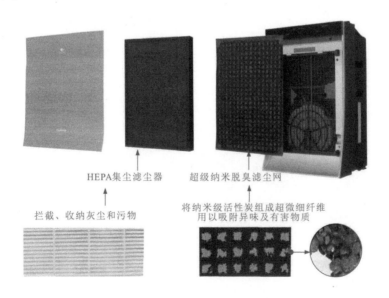

图 4-8　松下 F-VXL90 型空气净化器的空气过滤网

图 4-9 为日立 EP-KVG900 型空气净化器的空气过滤网。日立 EP-KVG900 空气净化器采用的是三层滤尘网，是在上述两层滤尘网的基础上又增加了一层预滤尘网，用以拦截较大粒子的灰尘。该滤尘网是由不锈钢制成的栅网形结构，含在不锈钢中的金属离子有除菌的作用。

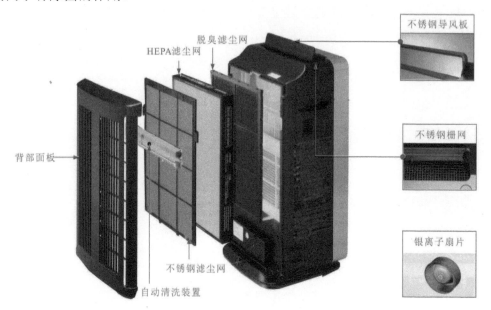

图 4-9　日立 EP-KVG900 型空气净化器的空气过滤网

图 4-10 为大金 MCK70 型空气净化器的空气过滤网。

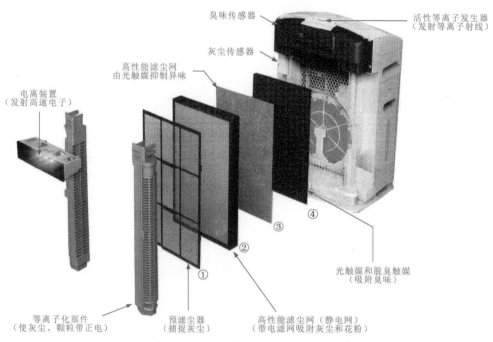

图 4-10　大金 MCK70 型空气净化器的空气过滤网

大金 MCK70 型净化器采用四层滤尘网。其中，前置滤尘网用于捕捉、拦截较大颗粒的灰尘；静电滤尘网用于吸附带正电荷的灰尘粒子。钛类光触媒滤尘网可对异味及污染物进行氧化分解，紧贴静电滤尘网，对污物进行分解后能自我恢复净化功能；光触媒和脱臭触媒主要对细微颗粒的有害物质进行分解消除，提高除尘滤尘效果。

（2）空气净化器的空气循环系统

空气净化器的空气循环系统主要是由风机和风道组成的。风机由扇叶和电动机构成，用于使空气形成气流。风道是由进风通道和排风通道组成的。电动机带动扇叶高速旋转，推动空气形成强力气流，使室内的空气通过滤尘网并进行循环，在循环的过程中，空气中的灰尘和霉菌被滤尘网拦截、捕捉和分解，不断地循环,工作使室内的全部空气得到净化。空气净化器在室内的位置及所形成的气流如图 4-11 所示。

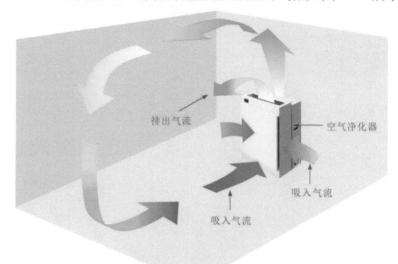

图 4-11　空气净化器在室内的位置及所形成的气流

图 4-12 是空气净化器的风机和风道结构简图。风机就是一个能实现大风量的小型高效风扇，是由电动机和轴流扇叶组成的，电动机旋转时，室内空气从电动机的轴向被吸入，在风道的导引下，气流从风道的上部排出使室内空气形成循环。

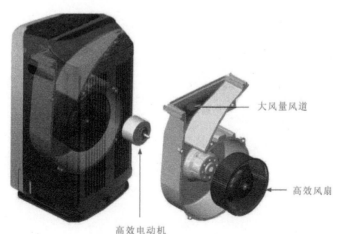

图 4-12　空气净化器的风机和风道结构简图

图 4-13 为扇叶和电动机的结构。空气净化器在工作时，电动机带动扇叶旋转，形成气流。电动机的风量越大，除尘的速度越快。

风扇电动机

扇叶

锁紧装置

图 4-13　扇叶和电动机的结构

空气净化器设置于室内，要使室内的所有空气都得到净化，就必须使空气形成循环气流。图 4-14 是空气净化器工作时室内空气循环的一种方式。

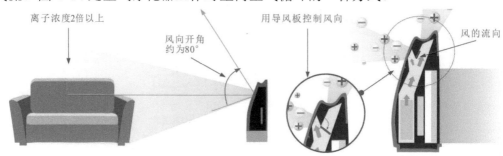

离子浓度2倍以上

风向开角约为80°

用导风板控制风向

风的流向

图 4-14　室内空气的循环方式

（3）空气净化器的加湿机构

图 4-15 为夏普 FX100 型空气净化器的加湿机构。

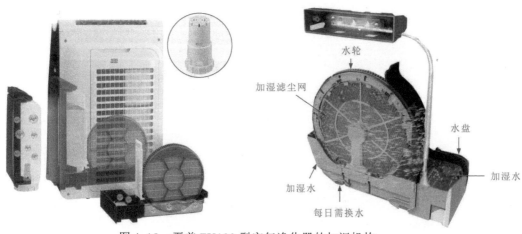

水轮

加湿滤尘网

加湿水

每日需换水

水盘

加湿水

图 4-15　夏普 FX100 型空气净化器的加湿机构

很多厂商为了提高除菌能力，在室内净化器中增加了加湿机构，利用离子水进行防霉抗菌。加湿机构是由储水槽、水轮和离子发生器等构成的。加湿滤尘网安装在水轮中，离子发生器对水进行电离，水轮转动时，滤尘网被水浸湿，空气透过带离子水的滤尘网进一步受到防霉抗菌处理，同时对空气加湿。

具有双重加湿滤尘网空气净化器采用的加湿除尘机构如图 4-16 所示。该方式也采用对加湿水进行离子化处理，为了抑制水垢而采用银离子抗菌剂，加湿、滤尘网也受离子照射，滤尘网的材料具有防霉、抗菌功能。

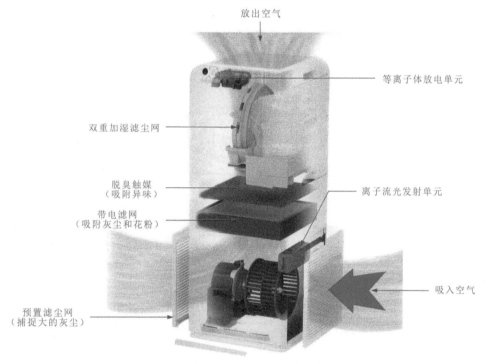

放出空气

等离子体放电单元

双重加湿滤尘网

脱臭触媒
（吸附异味）

离子流光发射单元

带电滤网
（吸附灰尘和花粉）

吸入空气

预置滤尘网
（捕捉大的灰尘）

图 4-16　双重加湿除尘机构

空气净化器加湿水的循环过程如图 4-17 所示。

水槽里的水经过给水泵由管道送到加湿滤尘网的上部，水靠自重缓缓地浸入加湿网，经加湿滤尘网渗出的水再回到储水槽中，其中一部分的水蒸发到空气中，对室内空气有加湿效果。水经过多次循环后也会受到污染，所以要经常换水或补水。加湿机构被制成一个独立的单元可插入净化器中。

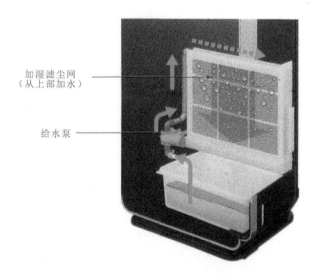

加湿滤尘网
（从上部加水）

给水泵

图 4-17　加湿水的循环过程

（4）空气净化器的传感器件

空气净化器的传感器件主要包括灰尘检测传感器、臭味传感器和湿度、温度传感器等。

图 4-18 是灰尘检测传感器的电路单元，可检测空气中灰尘的含量，PM2.5 检测传感器是检测微颗粒灰尘的传感器。它将检测值变成电信号作为空气净化器的参考信息，经控制电路对净化器的各种装置进行控制，如风量和风速的控制及电离装置的控制。

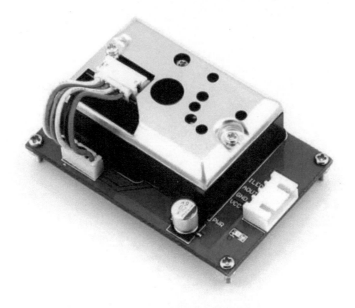

图 4-18　灰尘检测传感器的电路单元

图 4-19 为臭味传感器电路板，主要对异味、生鲜残留食物产生的臭味及宠物产生的臭味进行检测，经检测为控制电路提供传感电信号后，控制离子发生装置和脱臭滤膜使之增强除臭效果。

图 4-19　臭味传感器电路板

图 4-20 为温度和湿度检测传感器电路板，通过对室内湿度和温度的检测对加湿机构进行控制，从而增强或降低加湿功能，调节空气质量。

图 4-20　温度和湿度检测传感器电路板

4.1.2　空气净化器的除尘净化原理

目前，空气净化器主要采用过滤网实现除尘滤尘的效果。如图 4-21 所示。空气净化器中的过滤网通常采用具有捕捉和分解能力的"光触媒材料"。例如，在磷酸盐中加入钛元素并制成纤维状，在光或紫外线的条件下可以将霉菌、污物等有害物质分解，起到消除有害物质和抑制异味的作用，能长期保持滤尘和除尘的功能。

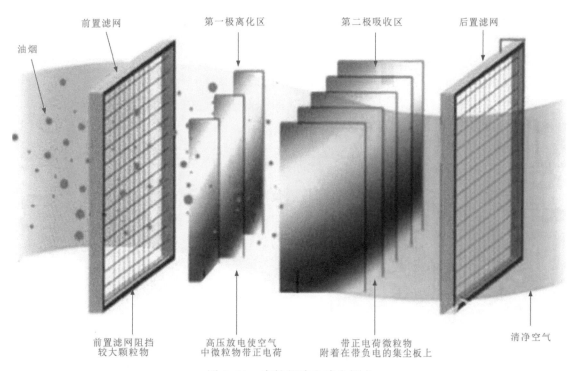

图 4-21　高性能除尘滤尘技术

多级除尘滤尘的工作过程如图 4-22 所示。空气净化器的滤尘装置都是由多层不同功能的过滤网构成的。空气在风机的作用下形成循环气流，有污物的空气经 1 预过滤网拦截和捕捉较大的灰尘（大于 240μm 的粒子）→ 2 HEPA 过滤网除臭滤尘→ 3 是由活性炭和无机吸附材料构成的，对小于 240μm 的粒子进行拦截处理→ 4 冷触媒可清除氨气、苯等物质→ 5 无纺布→ 6、7 蜂窝状 + 活性炭，降解甲醛、苯→ 8、9 铝基光触媒 + 紫外光杀菌、消毒→ 10、11 臭氧负离子多级处理后，排出得到净化的空气。

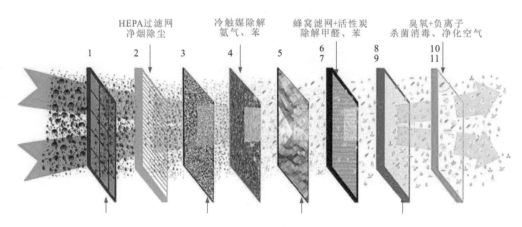

图 4-22　多级除尘滤尘的工作过程

空气净化器在除尘滤尘方面应用了很多新技术，如光触媒、高效滤尘、电子集尘、HIMOP 过滤等。

▎1　光触媒

光触媒是一种具有光催化功能的半导体材料。典型的材料是纳米级二氧化钛涂布在基材表面，并制成纤维状材料，在紫外线的照射下能产生很强的催化降解能力，可有效降解吸附在材料上的有害物质，杀灭多种细菌，将霉菌或真菌释放的毒素分解及无害化处理，使空气得到净化，如图 4-23 所示。光触媒常用于多层过滤网的结构中，与其他滤网组合完成除尘、滤尘工作。

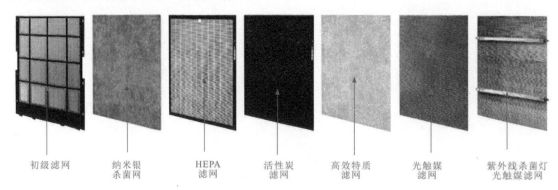

初级滤网　　纳米银杀菌网　　HEPA滤网　　活性炭滤网　　高效特质滤网　　光触媒滤网　　紫外线杀菌灯光触媒滤网

图 4-23　光触媒技术

▌ 2　　高效滤尘网（HEPA）

高效滤尘网（High—Efficioncy Particolate Air）即高效空气微粒子过滤网，简称 HEPA，广泛应用在空气净化器中，如夏普空气净化器、松下空气净化器、日立空气净化器中都有应用。特别是对灰尘直径为 0.3μm 左右的粒子，除尘效果很好（达 99.97％ 以上）。这种滤尘网的材料由无规则排布的化学纤维或玻璃纤维制成直径为 0.5~2.0μm 的纤维，并形成絮状结构。其中，聚丙烯（丙纶）或聚酯纤维无纺布是制作滤尘网的材料。HEPA 的滤尘方式及过程如图 4-24 所示。

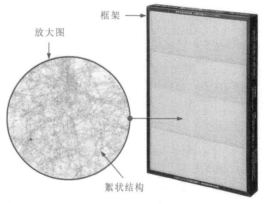

框架

放大图

絮状结构

图 4-24　HEPA 的滤尘方式及过程

▌ 3　　电子集尘除尘方式

电气集尘除尘装置的结构如图 4-25 所示。设置在空气入口处的装置为电离化装置（等离子化装置），通过导线放射高速电子，使通过的灰尘离子电离，形成带正电荷的灰尘离子后进入集尘装置。该装置是捕捉灰尘的集尘装置，在高压电路的作用下形成静电场，带正电的灰尘粒子通过电场时被带负电的电极板吸引并分解，流出去的空气就变成了洁净的空气。由于电极之间的空隙比较大，不妨碍空气的流通。

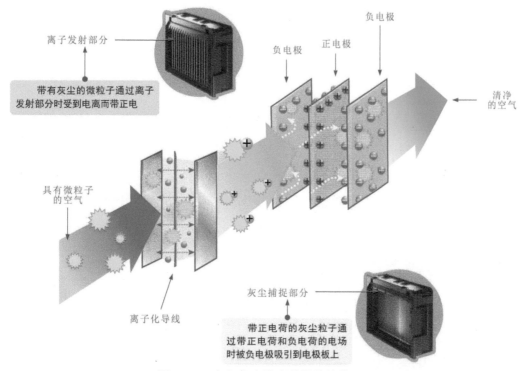

离子发射部分

带有灰尘的微粒子通过离子发射部分时受到电离而带正电

具有微粒子的空气

离子化导线

负电极　正电极　　负电极

清净的空气

灰尘捕捉部分

带正电荷的灰尘粒子通过带正电荷和负电荷的电场时被负电极吸引到电极板上

图 4-25　电气集尘除尘装置的结构

电气集尘除尘方式的工作原理如图4-26所示。在气流进入净化器的部位设有等离子释放装置，等离子放电使灰尘、霉菌、污物等离子带正电，带正电的灰尘到达静电滤尘网，静电滤尘器的表面带负电，会将带正电的灰尘吸附到滤尘网上，能有效将灰尘收集在滤尘器中，与此同时，汇集在滤尘网上的有害物质在离子流的作用下被分解消除。这种滤尘网可以使用十余年不用更换。

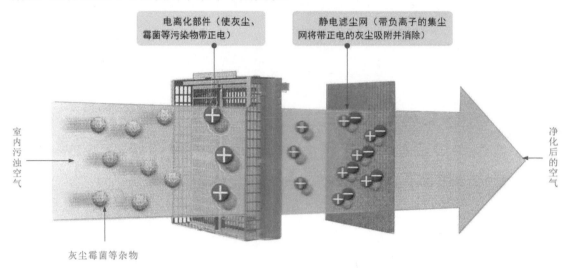

图4-26　电气集尘除尘方式的工作原理

吸附滤尘器上的污物及异味通过离子放电分解，消除霉菌和异后能自我恢复除尘、除臭功能，如图4-27所示。

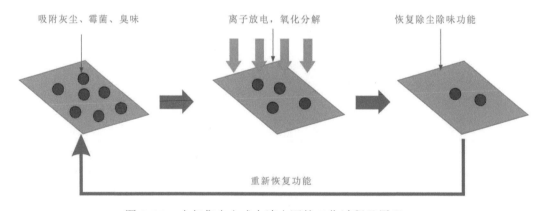

图4-27　电气集尘方式中滤尘网的工作过程及原理

▌4　除甲醛及多层过滤（HIMOP）

空气净化器多采用HIMOP过滤网去除甲醛、苯类污染物等。HIMOP过滤网由80多种稀有材料经过上百道程序烧制而成，每粒颗粒的表面均布满蜂窝状的磁极孔径，有强大的捕捉和吸附能力，能迅速、彻底地分解室内的化学污染物。

图4-28为HIMOP在空气净化器中的应用实例。它多与其他过滤网一起构成一个多层过滤网完成空气的过滤工作。

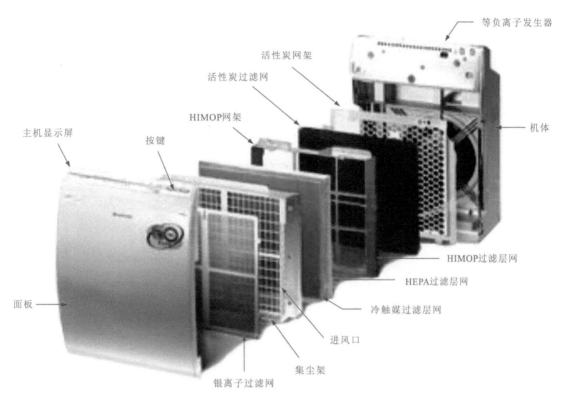

图 4-28　HIMOP 在空气净化器中的应用

图 4-29 为多层滤尘除尘网的综合作用。

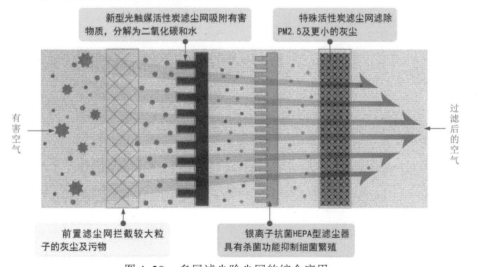

图 4-29　多层滤尘除尘网的综合应用

5　增氧杀菌

如图 4-30 所示，空气净化器多采用负氧离子发生器（也称维他氧发生器）实现增氧杀菌的效果。负氧离子是一种带负电荷的空气微粒，对生命活动有很重要的影响，能够轻易透过人体血脑屏障，发挥对人体健康的功效。

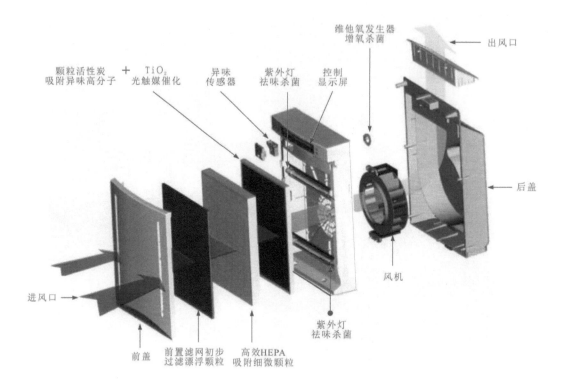

维他氧发生器 增氧杀菌

出风口

颗粒活性炭 吸附异味高分子 ＋ TiO₂ 光触媒催化

异味 传感器

紫外灯 祛味杀菌

控制 显示屏

后盖

进风口

风机

紫外灯 祛味杀菌

前盖

前置滤网初步 过滤漂浮颗粒

高效HEPA 吸附细微颗粒

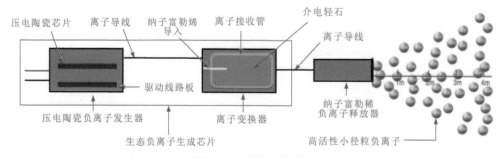

压电陶瓷芯片

离子导线

纳子富勒烯 导入

离子接收管

介电轻石

离子导线

驱动线路板

压电陶瓷负离子发生器

离子变换器

纳子富勒稀 负离子释放器

生态负离子生成芯片

高活性小径粒负离子

图 4-30 负氧离子发生器

4.1.3 空气净化器的电路原理

图 4-31 为空气净化器的电路结构。它是由电源电路和系统控制电路两部分构成的。

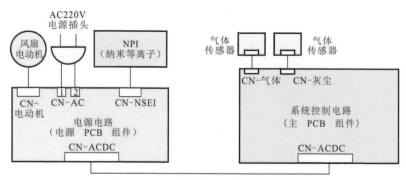

AC220V 电源插头

风扇 电动机

NPI （纳米等离子）

气体 传感器

气体 传感器

CN- 电动机

CN-AC

CN-NSEI

CN-气体

CN-灰尘

电源电路 （电源 PCB 组件）

系统控制电路 （主 PCB 组件）

CN-ACDC

CN-ACDC

图 4-31 空气净化器的电路结构

图 4-32 为空气净化器的系统控制电路。

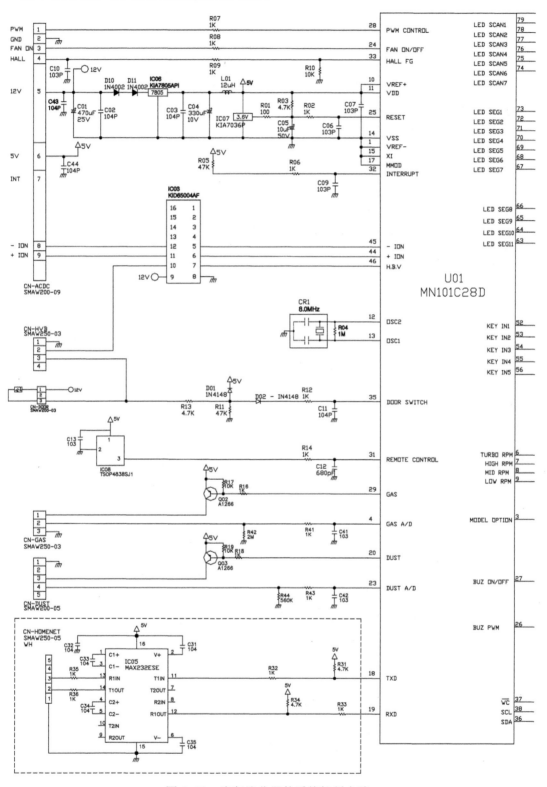

图 4-32　空气净化器的系统控制电路

图 4-33 为空气净化器系统控制电路与显示电路的连接关系。

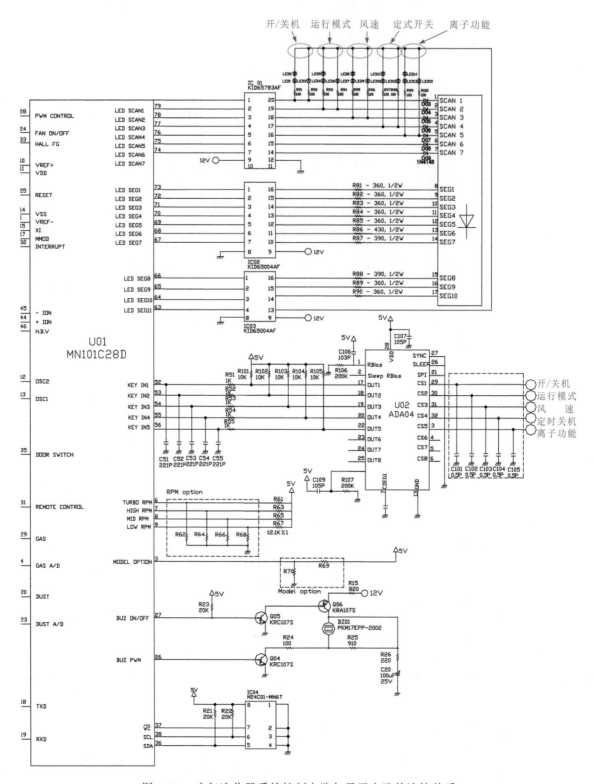

图 4-33　空气净化器系统控制电路与显示电路的连接关系

根据电路可以了解到，微处理器 U01 为控制核心，显示及操作电路、存储器等都与微处理器相连，由微处理器完成对数据信息的运算和处理，并将控制信号传送到相应的电路或功能部件。

U01 的 11 脚为 +5V 电源供电端，14 脚为接地端。来自电源板的 +12V 电压送到连接插件 CN-ACDC 的 5 脚，经 C01、C02 滤波和 D10、D11 整流后送到三端稳压器 IC06（7805）的输入端，IC06 输出的 +5V 稳压经 C03、C04、L01 滤波后为微处理器 U01 的 11 脚供电，同时 +5V 电压送到复位信号产生电路 IC07（KIA70369）的输入端，IC07 产生的复位信号送到 U01 的 25 脚，为微处理器提供复位信号。

晶体 CR1 与 U01 的 12 脚和 13 脚相连，与 U01 的内部振荡电路一起构成时钟振荡电路，为微处理器提供 8.0MHz 的时钟信号。

U01 的 35 脚外接门开关信号。

U01 的 31 脚外接遥控接收电路，可接收红外遥控信号。

U01 的 29 脚外接 Q02 晶体管基极，+5V 经 Q02 输出直流电压，由接口 CN-GAS 为气味传感器提供电压，气味传感器输出的信号送到 U01 的 4 脚。

U01 的 20 脚外接 Q03，+5V 经 Q03 为灰尘传感器 CN-DUST 供电，灰尘传感器输出的信号送到 U01 的 23 脚。

U01 的 18 脚为发送信号端，14 脚为接收信号端，经接口电路 IC05 与外部的主机相连。

U01 的 24 脚输出风扇电动机开机／关机信号，控制电动机。

U01 的 28 脚输出 PWM 电动机的控制信号。

U01 的 33 脚接收来自风扇电动机的速度信号（霍尔信号）。

U01 的 37 脚为片选信号输出端，与数据存储器 IC04(M24C01-MN6T) 相连对存储器芯片进行控制。

U01 的 38 脚与 36 脚分别为串行时钟和串行数据信号端，用于对存储器的数据进行读写。

U01 的 27 脚控制蜂鸣器 BZ01 开机和关机，当需要启动蜂鸣器时，该脚输出高电平，加到 Q05 晶体管（NPN）的基极，Q05 导通，于是 Q06 晶体管（PNP）也导通，为蜂鸣器 BZ01 提供工作电压。U01 的 26 脚输出蜂鸣器 PWM 信号，加到蜂鸣器下端的控制晶体管 Q04 的基极，Q04 的集电极输出放大的 PWM 脉冲，使蜂鸣器发声。

U01 的 52~56 脚为人工指令信号输出端，外接人工指令输入电路 U02（ADA04），U02 外接人工指令触摸按键。5 个人工按键分别为开／关机按键、运行模式、风速、定时关机和离子功能（选负离子功能或杀菌功能）。U02 将人工按键的指令信号变成数字信号，由 U02 的 17~20 脚、22 脚输出送到 U01 的 52~56 脚。

U01 的 63~79 脚外接显示驱动电路。显示驱动电路由 IC01、IC02、IC03 三个接口电路组成，分别放大由微处理器输出的显示驱动信号。显示屏由 10 个显示单元（SEG1~SEG10）组成，每一个单元有 7 段（SCAN~SCAN7）。同时，LED SCAN1~SCAN5 还控制 5 组发光二极管指示灯，每一组 LED 指示灯与 5 个触摸键相对应显示工作状态。

U01 的 6~9 脚和 3 脚为涡轮工作状态的选择信号端。其中，7~9 脚分别为高速 HIGH、中速 MID、低速 LOW 的选择信号端。

IC01（KID65783AF）为 8 路高压驱动器，可放大来自微处理器的显示驱动信号。其内部功能框图如图 4-34 所示。

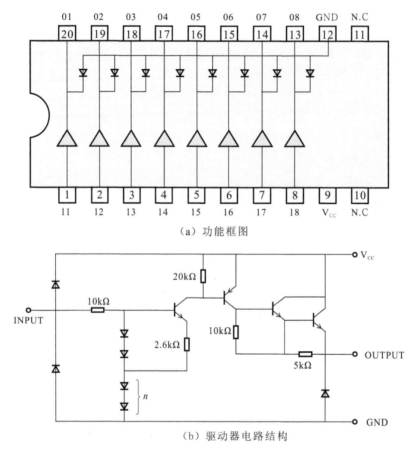

（a）功能框图

（b）驱动器电路结构

图 4-34　KID65783AF 的内部功能框图

IC04 为数据存储器芯片（M24C01-MN6T），通过 I^2C 总线读取内部所存的数据。其功能框图如图 4-35 所示。

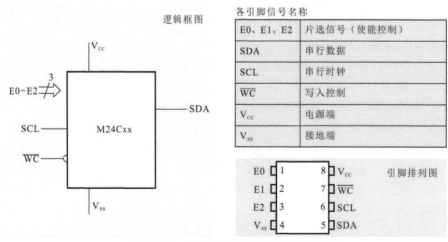

逻辑框图

各引脚信号名称

E0、E1、E2	片选信号（使能控制）
SDA	串行数据
SCL	串行时钟
$\overline{WC}$	写入控制
V_{cc}	电源端
V_{ss}	接地端

引脚排列图

图 4-35　M24C01-MN6T 的功能框图

IC02、IC03 为 7 路反相放大器（KID65004AF），可对微处理器输出的信号进行反相放大后去驱动显示器。其内部功能框图如图 4-36 所示。

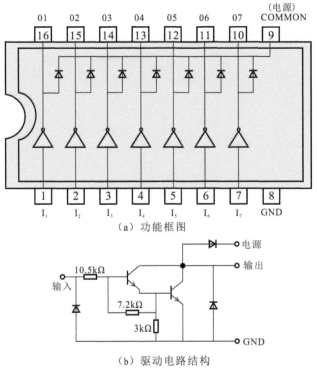

（a）功能框图

（b）驱动电路结构

图 4-36　KID65004AF 的内部功能框图

如图 4-37 所示，IC05 为 RS232 信号的接口电路 MAX232ESE，是一种多通道 RS232 信号的驱动器／接收器。

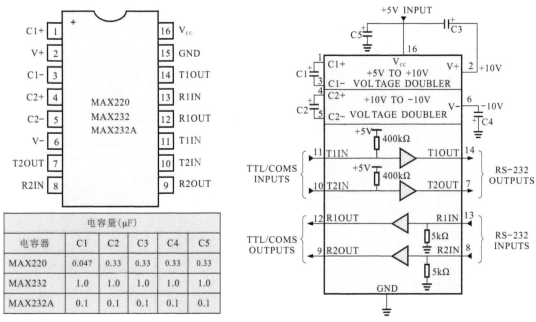

电容量(µF)					
电容器	C1	C2	C3	C4	C5
MAX220	0.047	0.33	0.33	0.33	0.33
MAX232	1.0	1.0	1.0	1.0	1.0
MAX232A	0.1	0.1	0.1	0.1	0.1

图 4-37　MAX232ESE 功能框图

4.2 空气净化器的维护与检修

4.2.1 空气净化器的维护

　　对于空气净化器的日常保养与维护，主要是根据空气净化器的运行状态和工作时间对空气净化器中的过滤或加湿部件进行检查、清洁或更换操作。

1　滤网的检查

　　空气净化器在运行过程中，若滤网自检灯（在显示屏上）发亮，则可对滤网进行检查、清洗或更换，如图 4-38 所示。

　　滤网检查功能会在使用一段时间后提醒用户清洁或更换滤网。在运行时，如果滤网自检灯发亮，请检查滤网，按开机/关机按钮关机，打开前面板，取出并检查滤网。滤网状况取决于不同的使用环境

图 4-38　滤网自检指示器

　　拆卸滤网如图 4-39 所示。

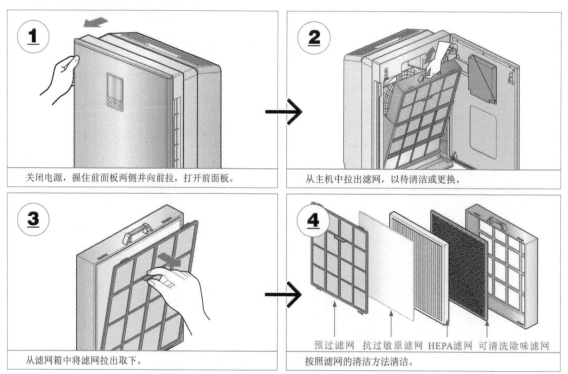

关闭电源，握住前面板两侧并向前拉，打开前面板。

从主机中拉出滤网，以待清洁或更换。

从滤网箱中将滤网拉出取下。

预过滤网　抗过敏原滤网　HEPA 滤网　可清洗除味滤网
按照滤网的清洁方法清洁。

图 4-39　拆卸滤网

滤网清洁注意事项：出于安全考虑，清洁前应断开电源，用水清洁后，需在阴凉处完全晾干，否则可能导致故障。如果因堵塞严重而无法清洗，则应更换滤网。如果清洗后不晾干滤网，则可能会导致产生臭味。请勿用手摩擦滤网。

滤网的清净和更换如图 4-40 所示。

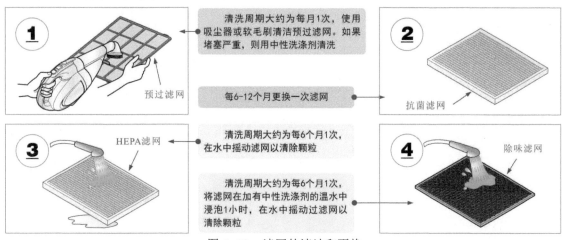

图 4-40　滤网的清洁和更换

表 4-1　典型空气净化器中滤网系统的清洗和更换周期

滤网名称		功能	清洗/更换周期
前置滤网	消除大颗粒	具有杀菌、防霉和大颗粒过滤功能，可延长滤网的更换周期	清洗周期大约每月1次（按每天运行8小时计算）
	具有抗菌功能和防霉功能		
抗过敏源滤网		吸收并分解过滤成分	更换周期为6~12个月
可清洗HEPA滤网（LG KAV-HEPA滤网）		可清除死螨虫、花粉、烟灰（微粒）、小尘土、悬浮霉菌、动物身上的毛等，预防各种病菌和禽流感病毒等	清洗周期约为每6个月一次
可清洗除味滤网		可清洗烟灰（烟味）、变质食品的气味、动物体味、NO_2、厕所气味、碱/酸味、VOC（挥发性有机物）	清洗周期约为每6个月一次

滤网的拆卸与代换方法如图 4-41 所示。

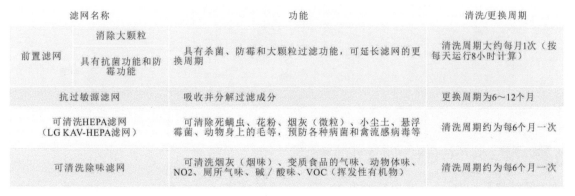
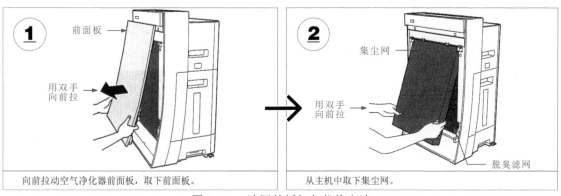

图 4-41　滤网的拆卸与代换方法

拆卸完成后，按如图 4-42 所示将新的除臭滤网和集尘滤网重新安装到空气净化器中。安装时要注意，主机上有凹槽，应将滤网卡入槽中。

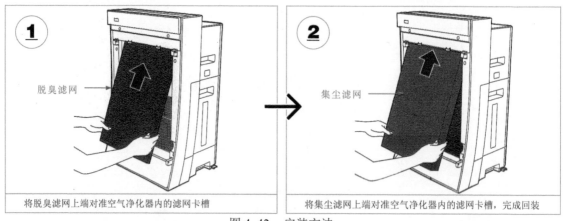

将脱臭滤网上端对准空气净化器内的滤网卡槽　　将集尘滤网上端对准空气净化器内的滤网卡槽，完成回装

图 4-42　安装方法

滤网（除臭滤网和集尘滤网）安装完毕后，按如图 4-43 所示装好前面板即可。

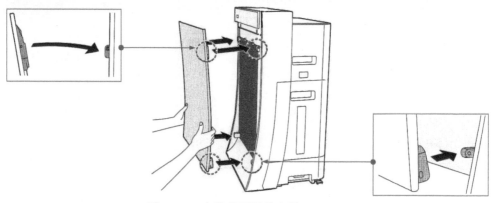

图 4-43　安装前面板的方法

2　灰尘传感器功能失常的检查

报警状态，此时应进行检查和清洁，灰尘传感器装在空气净化器左侧下部，打开小门即可看到。使用干棉签清洁镜头，注意操作时应断开电源。如果灰尘覆盖镜头，则传感器会失去检测功能。拆卸传感器盖板，清洁传感器镜头的方法如图 4-44 所示。

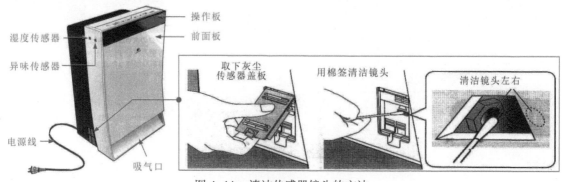

图 4-44　清洁传感器镜头的方法

3　空气净化器加水的方法

　　具有加湿功能空气净化器内设储水罐和加湿机构，水罐内的水应定期加入，如果使用时间长，还应对储水罐进行清结，如图4-45所示。在空气净化器的侧面有一个锁扣，抠住锁扣向侧面一拉，即可将储水罐取下，拧开盖，加入清水并使水位达到标记后再恢复原状。

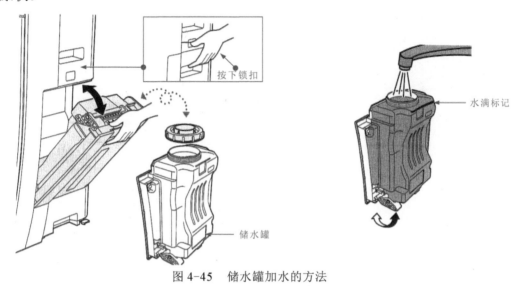

图 4-45　储水罐加水的方法

4　离子除菌单元加入除菌剂的方法

　　离子除菌单元位于加水机构的托盘中，应先将储水罐取下，然后拉出托盘，离子除菌单元是一个小盒子，将防菌剂注入小盒中，如图4-46所示。

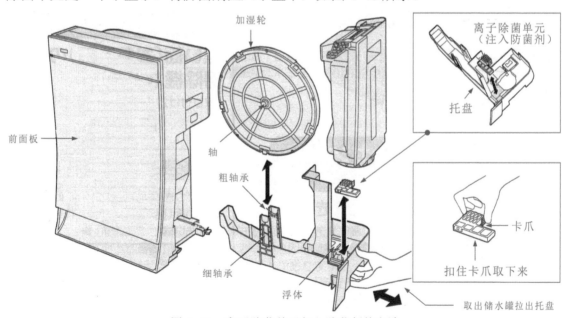

图 4-46　离子除菌单元加入除菌剂的方法

空气净化器的检修主要是针对故障现象检查相应的功能部件，并对损坏的功能部件进行拆卸代换，从而确保空气净化器正常工作。

1 加湿滤网的清洁和更换方法

加湿滤网也需要经常清洁和更换，按每天工作 8 小时计算，1 个月检查和清洁一次比较合适。检查和清洁时，先按如图 4-47 所示的方法将加湿滤网取下，进行清洁和更换。

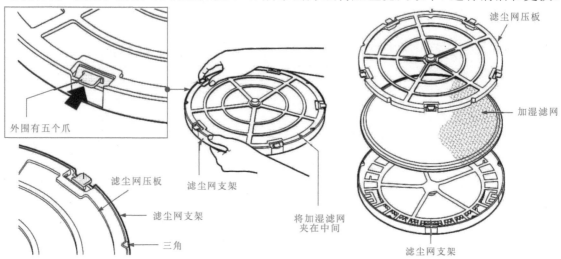

图 4-47　加湿滤网的清洁和更换方法

2 百叶窗的拆卸和更换方法

百叶窗是控制风向的机构，可调节室内空气气流的方向和位置。如果污物过多，应予以清洁，如图 4-48 所示。

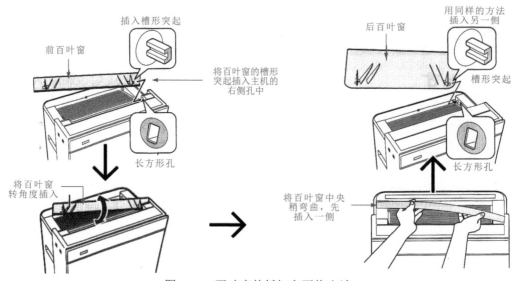

图 4-48　百叶窗的拆卸和更换方法

如果空气净化器在运行过程中出现不转或转速不均匀、运转噪声等情况，应检查电动机或风扇，如图 4-49 所示。

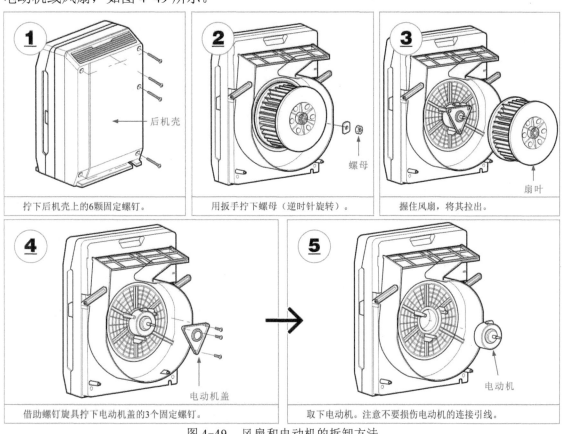

1 拧下后机壳上的6颗固定螺钉。

后机壳

2 用扳手拧下螺母（逆时针旋转）。

螺母

3 握住风扇，将其拉出。

扇叶

4 借助螺钉旋具拧下电动机盖的3个固定螺钉。

电动机盖

5 取下电动机。注意不要损伤电动机的连接引线。

电动机

图 4-49 风扇和电动机的拆卸方法

4 **显示屏和触摸键电路板的检查和代换方法**

开机进入工作状态，显示屏显示失常或操作触摸键功能失常，应按如图 4-50 所示的方法进行拆卸检查。若电路板损坏，则需使用同型号的电路板代换。

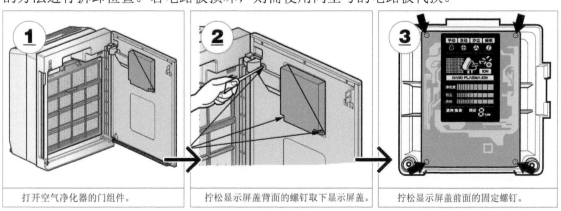

1 打开空气净化器的门组件。

2 拧松显示屏盖背面的螺钉取下显示屏盖。

3 拧松显示屏盖前面的固定螺钉。

图 4-50 显示屏和触摸键电路板的拆卸检查

如果操作触摸键失灵，则应更换。更换时需先取下门组件和钢化玻璃，如图4-51所示。

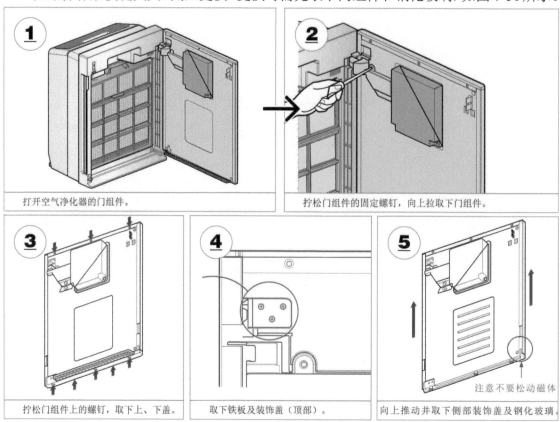

图 4-51　门组件和钢化玻璃的拆卸

相关部件部件更换后，按照与拆卸相反的顺序安装回位。

▌5　灰尘传感器和微动开关的检查和代换方法

如果灰尘传感器显示失常，微动开关动作失常，则应进行检查和代换，如图4-52所示。

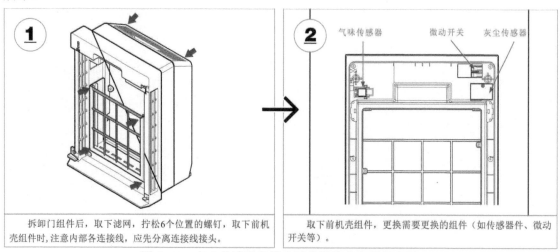

图 4-52　灰尘传感器和微动开关的检查和代换方法

第5章 电磁炉的结构原理与检修技能

5.1 电磁炉的结构原理

5.1.1 电磁炉的结构组成

电磁炉（也称电磁灶）是一种利用电磁感应原理进行加热的电炊具，可以进行煎、炒、蒸、煮等各种烹饪，使用非常方便，广泛应用于家庭生活中。学习电磁炉检修前，首先了解一下基本结构组成。

图 5-1 为典型电磁炉的外部结构。可以看到，其主要是由灶台面板、操作显示面板、外壳、散热口等部分构成的。

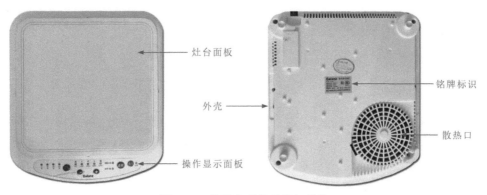

图 5-1 典型电磁炉的外部结构

电磁炉的外壳由上盖和底座两部分组成。电磁炉的外壳上盖连同灶台面板和底座拼合在一起，通过固定螺钉及卡扣固定连接。电磁炉的底部设置散热口，可确保电磁炉在工作时能良好地散热。另外，电磁炉的铭牌标识通常贴在电磁炉的底座中央位置，在铭牌标识上标注了电磁炉的品牌、型号、功率、产地等产品信息，如图 5-2 所示。

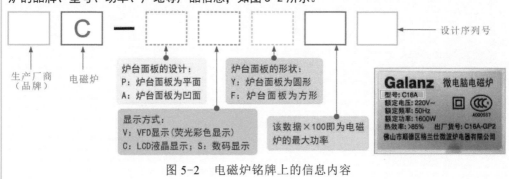

图 5-2 电磁炉铭牌上的信息内容

拆开电磁炉外壳即可看到内部结构，如图 5-3 所示，主要由炉盘线圈、电路板和散热风扇组件构成。

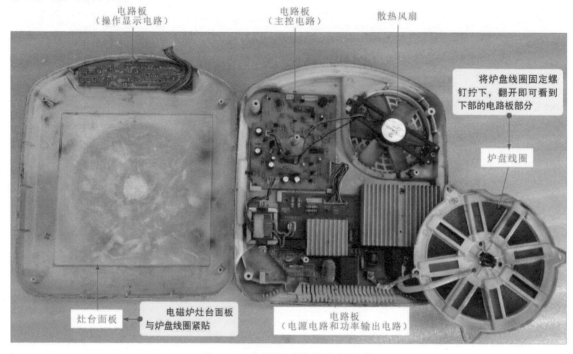

图 5-3　典型电磁炉的内部结构

Ⅱ 1　炉盘线圈

电磁炉的炉盘线圈又称加热线圈，实际上是一种将多股导线绕制成圆盘状的电感线圈，是将高频交变电流转换成交变磁场的元器件，用于对铁磁性材料的锅具加热。图 5-4 为炉盘线圈的实物外形。其外形特征明显，打开电磁炉外壳即可看到。

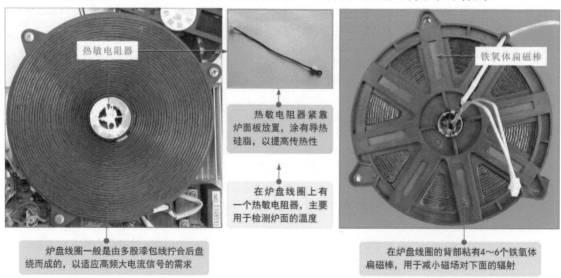

图 5-4　炉盘线圈的实物外形

炉盘线圈通常是由多股漆包线（近 20 股，直径约为 0.31mm）拧合后盘绕而成的，在炉盘线圈的背部（底部）粘有 4～6 个铁氧体扁磁棒，用于减小磁场对下面的辐射，以免在工作时，加热线圈产生的磁场影响下方电路。

　　炉盘线圈自身并不是热源，而是高频谐振回路中的一个电感。其作用与谐振电容振荡，产生高频交变磁场。交变磁场在锅底产生涡流，使锅底发热，进而加热锅中的食物。

　　在不同品牌和型号的电磁炉中，炉盘线圈的外形基本相同，线圈圈数、线圈绕制方向和线圈盘大小、薄厚、疏密程度会有所区别，这也是电磁炉额定功率不同的重要标志。市场上常用的炉盘线圈有 28 圈、32 圈、33 圈、36 圈和 102 圈，电感量有 137μH、140μH、175μH、210μH 等。

　　图 5-5 为不同品牌电磁炉中炉盘线圈的外形对比。

图 5-5　不同品牌电磁炉中的炉盘线圈外形对比

▌2　电路板

　　电路板是电磁炉内部的主要组成部分，也是承载电磁炉主要功能电路的关键部件。目前，常见的电磁炉通常设有两块或三块电路板，如图 5-6 所示，不同结构形式电路板的功能基本相同。

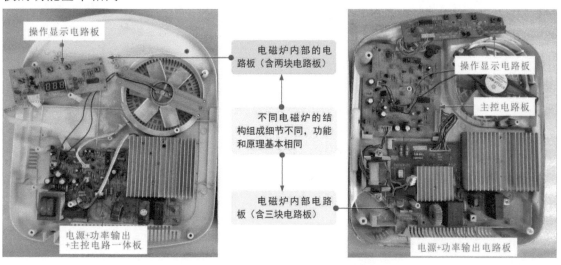

图 5-6　电磁炉中的电路板结构形式

图 5-7 为采用三块电路板的电磁炉电路结构，根据电路功能，可将三块电路板划分为电源供电电路、功率输出电路、主控电路和操作显示电路。

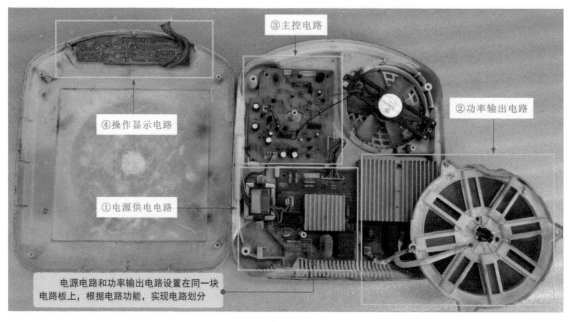

图 5-7　采用三块电路板的电磁炉电路结构

① 电源供电电路。

电源供电电路是电磁炉整机的供电电路，主要由几个体积较大的分立元器件构成，分布较稀疏，如图 5-8 所示。

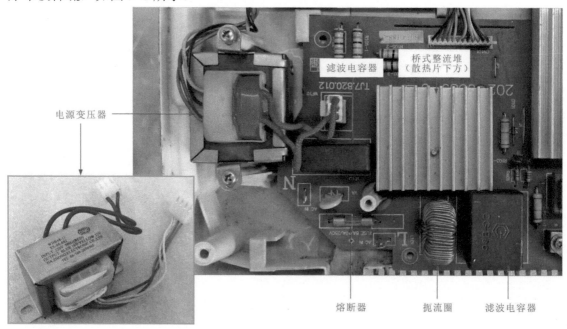

图 5-8　电磁炉中的电源供电电路

② 功率输出电路。

功率输出电路是电磁炉的负载电路，主要用来将电磁炉的电路功能进行体现和输出，实现电能向热能的转换。图 5-9 为典型电磁炉中的功率输出电路。

图 5-9　典型电磁炉中的功率输出电路

③ 主控电路。

主控电路是电磁炉中的控制电路，也是核心组成部分。电磁炉整机人工指令的接受、状态信号的输出、自动检测和控制功能的实现都是由该电路完成的。图 5-10 为典型电磁炉中的主控电路。

图 5-10　典型电磁炉中的主控电路

④ 操作显示电路。

操作显示电路是电磁炉实现人机交互的窗口,一般位于电磁炉上盖操作显示面板的下部。图5-11为典型电磁炉中的操作显示电路。

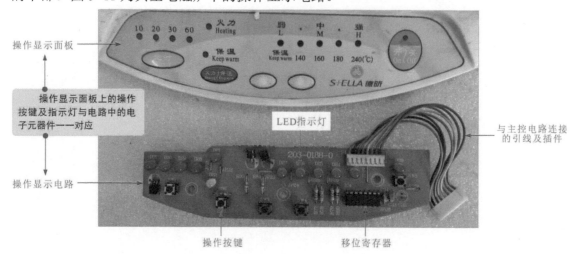

图 5-11　典型电磁炉中的操作显示电路

不同品牌和型号电磁炉的功能不同,体现在操作控制方面表现为操作显示电路的具体结构不同。图5-12为集成了控制部分的操作显示电路。

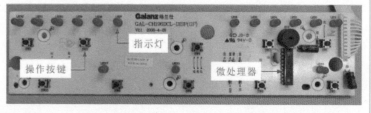

图 5-12　典型电磁炉中的操作显示电路(集成了控制部分)

▌3 散热风扇组件

电磁炉的散热口位于底部,电磁炉内部产生的热量可以通过风扇的作用由散热口及时排出,降低炉内的温度,有利于电磁炉的正常工作。

图5-13为典型电磁炉中的散热风扇组件。

图 5-13　典型电磁炉中的散热风扇组件

不同电磁炉的电路结构各异，基本工作原理大致相同。图5-14为电磁炉的加热原理示意图。

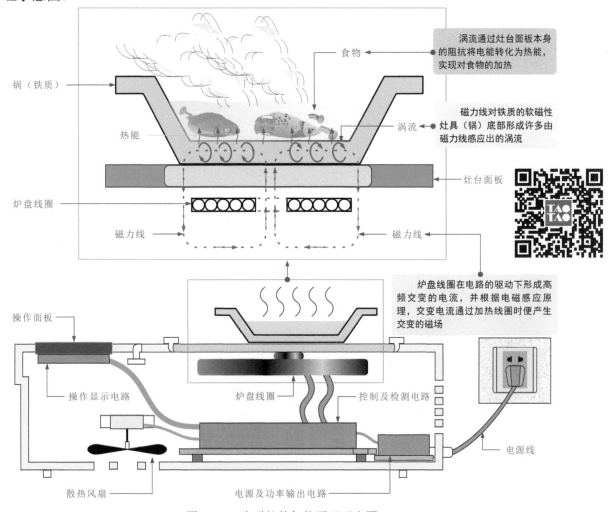

图5-14　电磁炉的加热原理示意图

由图可知，电磁炉通电后，在内部控制电路、电源及功率输出电路作用下，在炉盘线圈中产生电流。

根据电磁感应原理，炉盘线圈中的电流变化会在周围空间产生磁场，在磁场范围内如有铁磁性的物质，就会在其中产生高频涡流，高频涡流通过灶具本身的阻抗将电能转化为热能，实现对食物的加热、炊饭功能。

当线圈中的电流随时间变化时，由于电磁感应，因此附近的另一个线圈会产生感应电流。实际上，这个线圈附近的任何导体都会产生感应电流。用图模拟感应电流看起来就像水中的旋涡，所以称其为涡电流，简称涡流。在电磁炉的工作过程中，灶具置于随时间变化的磁场中，灶具内将产生感应电流，在灶具内自成闭合回路产生涡流，使炊具产生大量的热量。

图 5-15 为电磁炉的工作原理简图。市电 220V 通过桥式整流堆（四个整流二极管）将 220V 的交流电压整流为大约 300V 的直流电压，再经过扼流圈和平滑电容后加到炉盘线圈的一端，同时，在炉盘线圈的另一端接一个门控管。当门控管导通时，炉盘线圈的电流通过门控管形成回路，在炉盘线圈中就产生了电流。

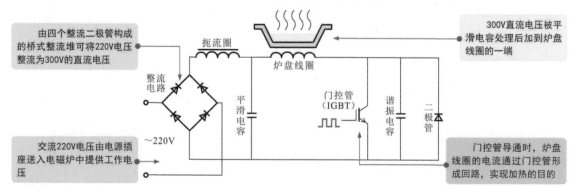

图 5-15　电磁炉的工作原理简图

图 5-16 为典型电磁炉的整机电路框图。电磁炉工作时，交流 220V 电压经桥式整流堆整流滤波后输出 300V 直流电压送到炉盘线圈，炉盘线圈与谐振电容形成高频谐振，将直流 300V 电压变成高频振荡电压，达 1000V 以上。

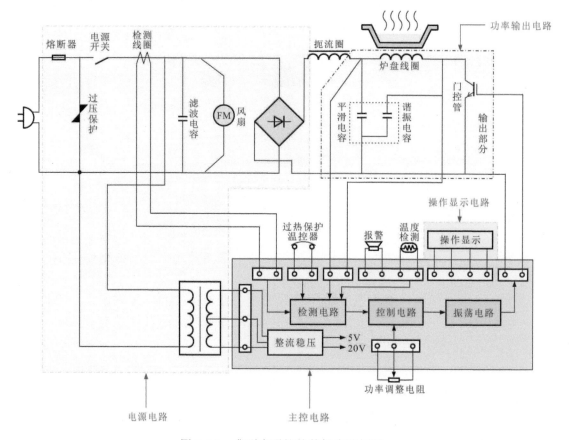

图 5-16　典型电磁炉的整机电路框图

电磁炉的供电电路由交流 220V 市电插头、熔断器、电源开关、过压保护、电流检测等环节组成。若供电电流过大，则会烧毁熔断器；如果输入的电压过高，则过压保护器件会进行过压保护；如果电流过大，也会通过检测环节进行自动保护。

变压器是给控制板（控制电路单元）供电的，一般由交流 220V 输入后变成低压输出，再经过稳压电路变成 5V、12V、20V 等直流电压，为检测控制电路和脉冲信号产生电路提供电源。

电磁炉的主控电路部分主要包括检测电路、控制电路和振荡电路等，在电磁炉中被制成一个电路单元。该电路中振荡电路所产生的信号通过插件送给门控管，门控管的工作受栅极的控制。电磁炉工作时，脉冲信号产生电路为栅极提供驱动控制信号，使门控管与炉盘线圈形成高频振荡。

电路单元中的检测电路在电磁炉工作时自动检测过压、过流、过热情况，并进行自动保护。例如，炉盘线圈中安装有温度传感器用来检测炉盘线圈温度，如果检测到的温度过高，则检测电路就会将该信号送给控制电路，然后通过控制电路控制振荡电路，切断脉冲信号产生电路，使其没有输出。过热保护温控器通常安装在门控管集电极的散热片上，如果检测到门控管的温度过高，则过热保护温控器便会自动断开，使整机进入断电保护状态。

图 5-17 为采用双门控管控制的电磁炉电路结构。从图中可以看到，炉盘线圈是由两个门控管组成的控制电路控制的。在加热线圈的两端并联有电容C1，即高频谐振电容，在外电压的作用下，C1 两端会形成高频信号。

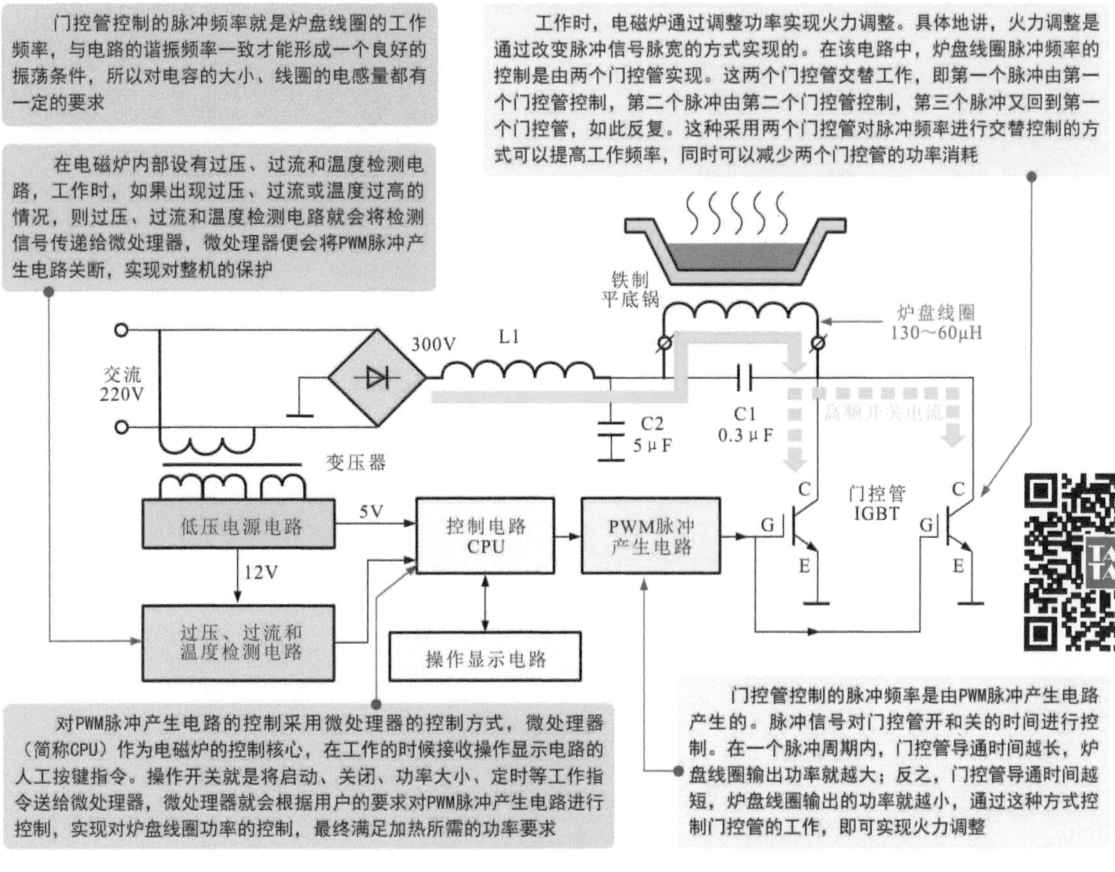
门控管控制的脉冲频率就是炉盘线圈的工作频率，与电路的谐振频率一致才能形成一个良好的振荡条件，所以对电容的大小、线圈的电感量都有一定的要求
工作时，电磁炉通过调整功率实现火力调整。具体地讲，火力调整是通过改变脉冲信号脉宽的方式实现的。在该电路中，炉盘线圈脉冲频率的控制是由两个门控管实现。这两个门控管交替工作，即第一个脉冲由第一个门控管控制，第二个脉冲由第二个门控管控制，第三个脉冲又回到第一个门控管，如此反复。这种采用两个门控管对脉冲频率进行交替控制的方式可以提高工作频率，同时可以减少两个门控管的功率消耗
在电磁炉内部设有过压、过流和温度检测电路，工作时，如果出现过压、过流或温度过高的情况，则过压、过流和温度检测电路就会将检测信号传递给微处理器，微处理器便会将PWM脉冲产生电路关断，实现对整机的保护
铁制
平底锅
炉盘线圈
130～60μH
交流
220V
300V
L1
C2
5μF
C1
0.3μF
高频开关电流
变压器
低压电源电路
5V
12V
控制电路
CPU
PWM脉冲
产生电路
门控管
IGBT
C
G
E
过压、过流和
温度检测电路
操作显示电路
对PWM脉冲产生电路的控制采用微处理器的控制方式，微处理器（简称CPU）作为电磁炉的控制核心，在工作的时候接收操作显示电路的人工按键指令。操作开关就是将启动、关闭、功率大小、定时等工作指令送给微处理器，微处理器就会根据用户的要求对PWM脉冲产生电路进行控制，实现对炉盘线圈功率的控制，最终满足加热所需的功率要求
门控管控制的脉冲频率是由PWM脉冲产生电路产生的。脉冲信号对门控管开和关的时间进行控制。在一个脉冲周期内，门控管导通时间越长，炉盘线圈输出功率就越大；反之，门控管导通时间越短，炉盘线圈输出的功率就越小，通过这种方式控制门控管的工作，即可实现火力调整

图 5-17　采用双门控管控制的电磁炉电路结构

图 5-18 为典型电磁炉的整机电路原理图（美的 MC—EY182），主要分为电源供
CON8 与主控电路连接。

1 交流220V输入电压接入电磁炉的电源供电电路后分成两路：一路经熔断器FUSE1、过压保护器NR1、电容器C3、电阻器R6、桥式整流堆、扼流圈L1、滤波电容C6后输出+300V直流电压（即交流输入及整流滤波电路）；另一路经插件CN5后，再经降压变压器T2降压，分别输出交流20V、22V、19V，经整流滤波电路后输出直流+18V、+13.5V、+5V等电压

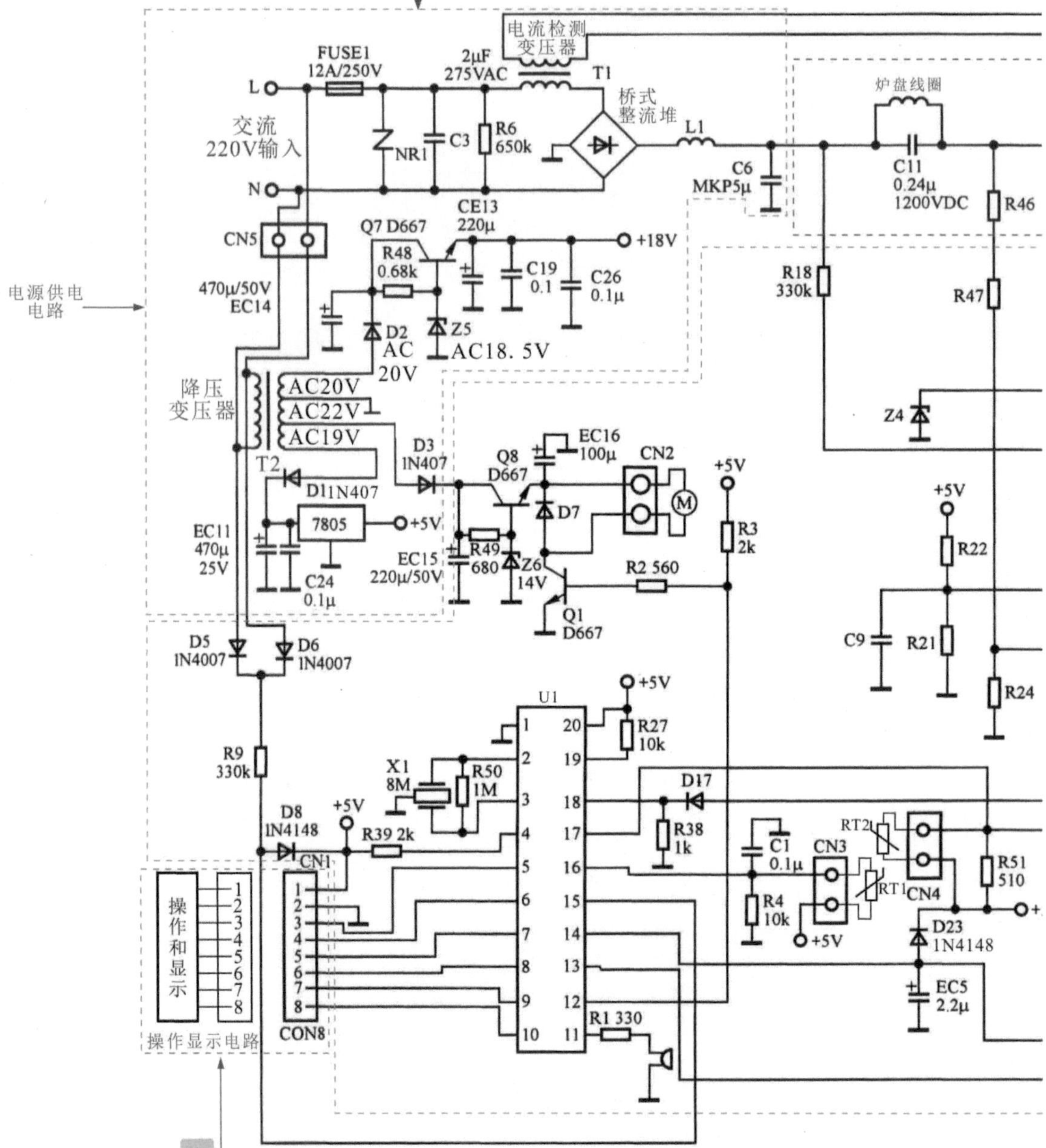

4 操作显示电路通过插件CON8与主控电路连接，实现对电磁炉的启动、停止等控制功能，并显示主控电路输出的状态信号，提醒用户电磁炉当前的工作状态

图 5-18　典型电磁炉的整机电路原理图（美的 MC—EY182）

电电路、功率输出电路、主控电路等部分，另外还有操作电路未画出。操作显示插件

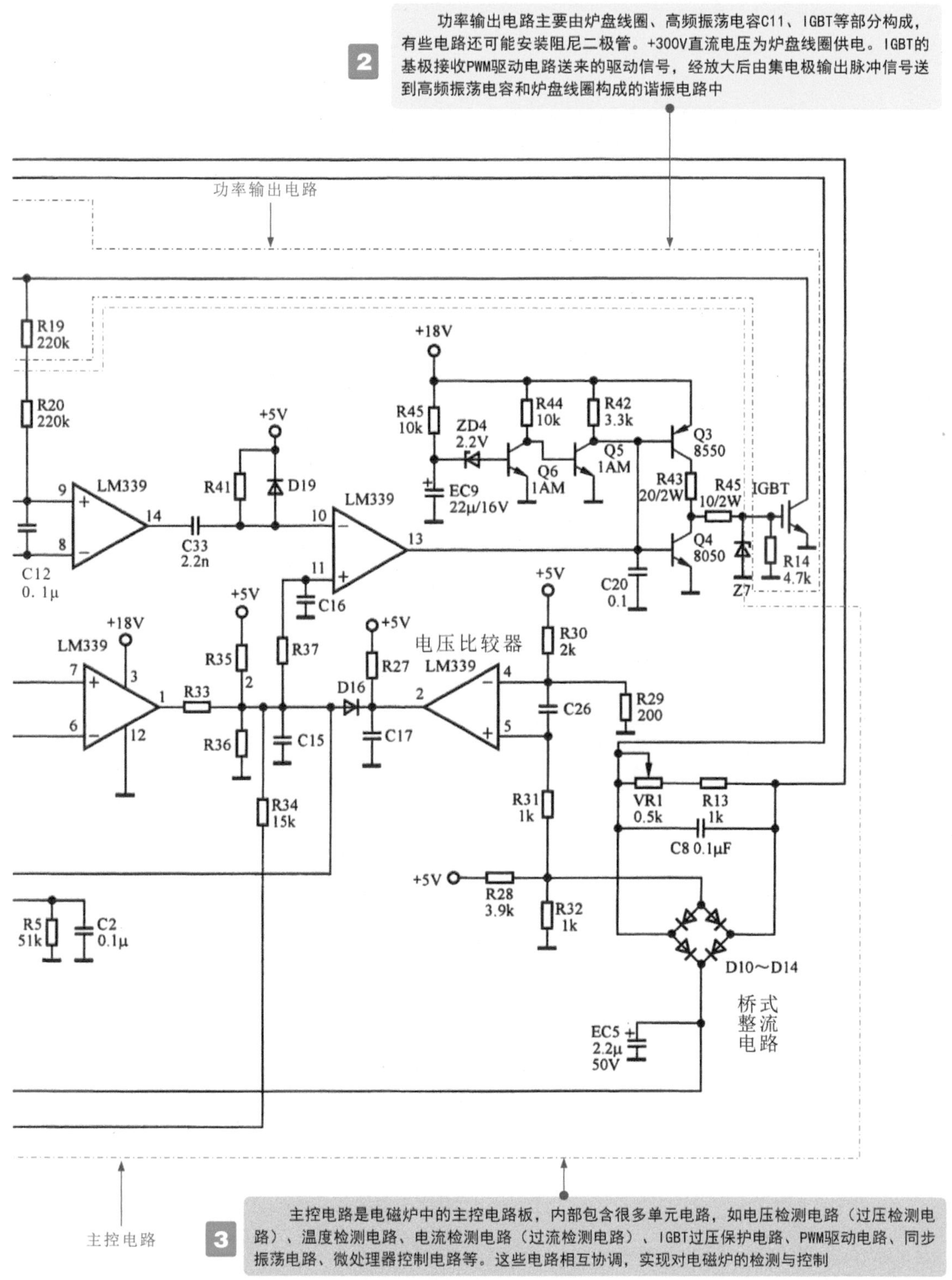

2
功率输出电路主要由炉盘线圈、高频振荡电容C11、IGBT等部分构成，有些电路还可能安装阻尼二极管。+300V直流电压为炉盘线圈供电。IGBT的基极接收PWM驱动电路送来的驱动信号，经放大后由集电极输出脉冲信号送到高频振荡电容和炉盘线圈构成的谐振电路中
功率输出电路
R19 220k
R20 220k
C12 0.1μ
LM339
C33 2.2n
R41
D19
+5V
+18V
R45 10k
ZD4 2.2V
EC9 22μ/16V
R44 10k
R42 3.3k
Q6 1AM
Q5 1AM
Q3 8550
Q4 8050
R43 20/2W
R45 10/2W
IGBT
R14 4.7k
Z7
C20 0.1
C16
R35
R36
R37
R33
R34 15k
C15
D16
R27
C17
电压比较器
R30 2k
C26
R29 200
R31 1k
R28 3.9k
R32 1k
VR1 0.5k
R13 1k
C8 0.1μF
D10～D14
桥式整流电路
EC5 2.2μ 50V
R5 51k
C2 0.1μ
主控电路
3
主控电路是电磁炉中的主控电路板，内部包含很多单元电路，如电压检测电路（过压检测电路）、温度检测电路、电流检测电路（过流检测电路）、IGBT过压保护电路、PWM驱动电路、同步振荡电路、微处理器控制电路等。这些电路相互协调，实现对电磁炉的检测与控制

图 5-18　典型电磁炉的整机电路原理图（美的 MC—EY182）（续）

5.2.1 电磁炉的故障特点

电磁炉作为一种厨房用具，最基本的功能是实现加热炊饭，因此出现故障后，最常见的故障也主要表现在炊饭功能和工作状态上，如"通电不工作""不加热"和"加热失控"等。

不同的故障现象往往与故障部位之间存在着对应关系。检修前，应认真分析和推断故障原因，圈定故障范围。

图5-19为电磁炉整机的故障检修重点。结合电磁炉的整机结构和工作原理，检修电磁炉故障的重点为主要组成部件和电路参数部分，即检测炉盘线圈、检测电路（电源供电电路、功率输出电路、主控电路和操作显示电路）及散热组件部分。

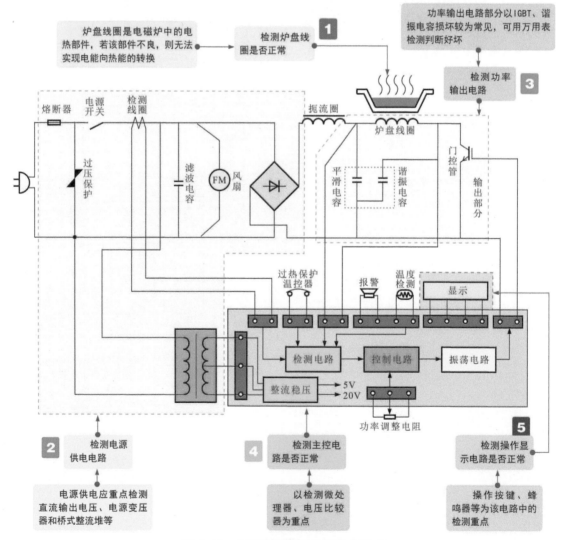

图5-19　电磁炉整机的故障检修重点

电磁炉的检修点很多，出现故障后，找准检修点是做好检修分析的主要目的，通常首先需要结合故障表现，分析引起这种故障最常见的原因，并对直接怀疑的部件进行检修。例如，当电磁炉出现通电不工作故障时，说明供电没有送入电磁炉中，发生这种故障的原因多为电源供电电路、主控电路发生故障。根据检修经验，应对电源供电电路和主控电路中的相关部件进行检测，重点对熔断器、低压电源电路、复位电路、晶振电路等进行检测。

又如，电磁炉不能加热的故障原因多为功率输出电路、主控电路发生故障，应重点检测功率输出电路中的 IGBT、炉盘线圈、谐振电容，主控电路中的检锅电路、同步振荡电路、PWM 调制电路、PWM 驱动电路、浪涌保护电路、IGBT 高压保护电路及电流、电压检测／保护电路等。

电磁炉加热失控故障的原因多为主控电路中与温度控制相关的电路发生故障，如 PWM 调制电路、温度检测／保护电路等。

另外，检修电磁炉与其他家电产品还有一个明显区别，即电磁炉的自身故障诊断，当电磁炉发生故障时，显示屏或指示灯可作为故障代码的显示窗口，如图 5-20 所示，根据故障代码，对应维修手册可快速了解故障原因和检修部位。

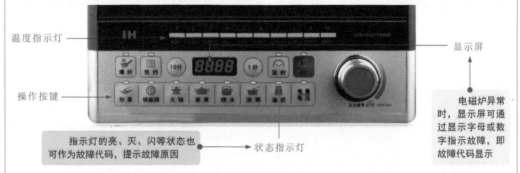

图 5-20　典型电磁炉的操作显示面板（故障代码指示）

故障代码大多能够直接提示当前的故障原因或出现故障的部位，对检修十分有帮助。不同厂家生产电磁炉所显示故障代码的含义都是不同的，在检修过程中，需要首先根据故障机的品牌、型号查找对应的故障代码说明，并根据说明进行检修。

表 5-1 为格兰仕 CXXA-X（X）P1II 型电磁炉的故障代码，可在检修时作为参考。

表 5-1　格兰仕 CXXA-X（X）P1II 型电磁炉的故障代码

15分钟灯	30分钟灯	45分钟灯	60分钟灯	数码显示	故障原因
●	●	●	●	E0	硬件故障
●	○	○	○	E1	IGBT管（门控管）超温
○	●	○	○	E2	电源电压偏高
●	●	○	○	E3	电源电压偏低
○	○	●	○	E4	炉盘线圈温度传感器断路
●	○	●	○	E5	炉盘线圈温度传感器短路
○	●	●	○	E6	炉面超温
●	●	●	○	E7	IGBT（门控管）传感器断路

注："○"表示灯灭；"●"表示灯亮。

检修电磁炉时需要注意，由于常常需要带电测试电路，根据电磁炉的内部结构（炉盘线圈位于电路板上方）特点，很难对电路进行检测操作；若将炉盘线圈取下，在不放置锅具时，电磁炉又无法进入工作状态，无法进行检测。为便于在工作状态下对待测电磁炉进行检测，可将待测电磁炉的炉盘线圈卸下，安装在其他闲置（或废弃）的电磁炉内，借助闲置（或废弃）电磁炉灶台面板，可确保炉盘线圈安装稳固，可保证检测安全，如图 5-21 所示。

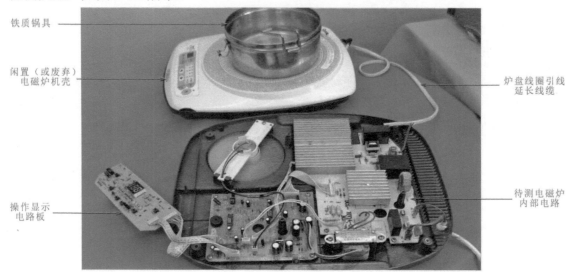

图 5-21　电磁炉带电检修测试环境的搭建（1）

　　电磁炉的输入电源直接与 220V/50Hz 的交流电压相连，在检修交流供电电压的过程中对人身安全有一定的威胁，特别是电路中的地线也会带市电高压。为防止触电，可在电磁炉与 220V 市电之间连接 1:1 的隔离变压器。该变压器的一次侧与二次侧电路不相连，只通过交流磁场使二次侧输出 220V 电压，这样便与交流相线隔离开了，单手触及电源地一端不会与大地形成回路，从而保证了人身安全，如图 5-22 所示。

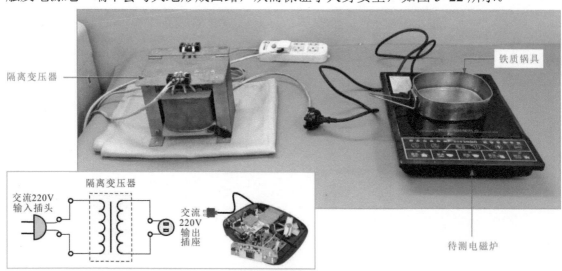

图 5-22　电磁炉带电检修安全环境的搭建（2）

5.2.2　电磁炉的故障检修方法

根据检修分析，检修电磁炉可从主要部件和电路板入手，借助检修仪器仪表，采取恰当的检修方法，最终找到故障点，排除故障。

▌1　炉盘线圈的检修方法

炉盘线圈是电磁炉中的电热部件，是实现电能转换成热能的关键器件。若炉盘线圈损坏，将直接导致电磁炉无法加热的故障。

怀疑炉盘线圈异常时，可借助万用表检测炉盘线圈的阻值来判断炉盘线圈是否损坏，如图 5-23 所示。

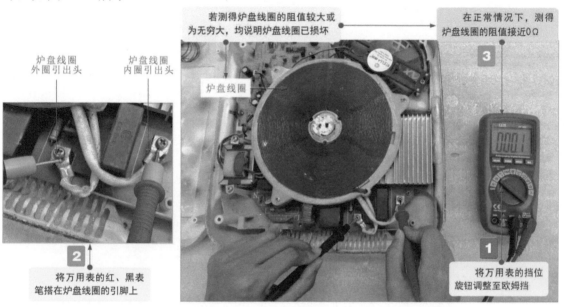

图 5-23　炉盘线圈的检测方法

在检修实践中，炉盘线圈损坏的几率很小，但需要注意的是，炉盘线圈背部的磁条部分可能会出现裂痕或损坏，若磁条存在漏电短路情况，将无法修复，只能将其连同炉盘线圈整体更换。

根据检修经验，若代换炉盘线圈，则最好将炉盘线圈配套的谐振电容一起更换，以保证炉盘线圈和谐振电容构成的 LC 谐振电路的谐振频率不变。

▌2　电源供电电路的检修方法

电磁炉的电源供电电路几乎可以为任何电路或部件提供工作条件。当电源供电电路出现故障时，常会引起电磁炉无法正常工作的故障现象。

在通常情况下，检修电源供电电路时可首先采用观察法检查主要元器件有无明显的损坏迹象，如观察熔断器是否有烧焦的迹象，电源变压器、三端稳压器等有无引脚虚焊、连焊等不良的现象。如果出现上述情况，则应立即更换损坏的元器件或重新焊接虚焊引脚。若从表面无法观测到故障部件时，则借助检测仪表对电路中关键点的电压参数进行检测，并根据检测结果分析和排除故障。

◆ 电源供电电路中关键点电压的检测方法。

电源供电电路是否正常主要通过检测输出的各路电压是否正常来判断。若输出电压均不正常，则需要判断输入电压是否正常。若输入电压正常，而无电压输出，则可能是电源供电电路本身损坏。

例如，根据前面对电磁炉工作原理的分析可知，+300V 电压是功率输出电路的工作条件，也是电源供电电路输出的直流电压，可通过检测 +300V 滤波电容判断电压是否正常，如图 5-24 所示。

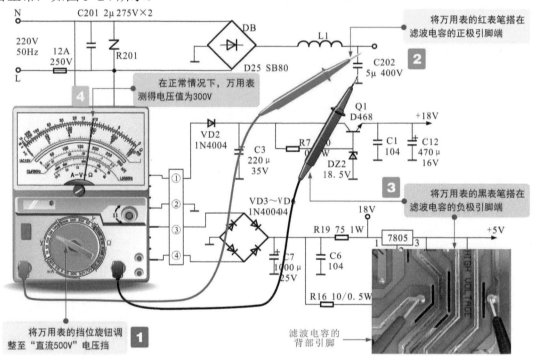

图 5-24　电磁炉电源供电电路中直流 300V 供电电压的检测方法

　　若 +300V 电压正常，则表明电源供电电路的交流输入及整流滤波电路正常；若无 +300V 电压，则表明交流输入及整流滤波电路没有工作或有损坏的元器件。

　　电源供电电路直流输出电压（如图中的 +18V、+5V）的供电检测方法与之相同。当电压正常时，说明电源供电电路正常；若实测无直流电压输出，则可能为电源电路异常，也可能是供电线路的负载部分存在短路故障，可进一步测量直流电压输出线路的对地阻值。

　　例如，若三端稳压器输出的 5V 电源为零，可检测 5V 电压的对地阻值是否正常，即检测电源供电电路中三端稳压器 5V 输出端引脚的对地阻值。若三端稳压器 5V 输出端引脚的对地阻值为 0Ω，说明 5V 供电线路的负载部分存在短路故障，可逐一对 5V 供电线路上的负载进行检查，如微处理器、电压比较器等，排除负载短路故障后，电源供电电路输出可恢复正常（电源供电电路本身无异常情况时）。

◆ 电源供电电路中主要元器件的检测方法。

在检测电源供电电路的电压参数时，若供电参数异常，或电磁炉因损坏无法进行通电测试时，应检测电路中的主要组成部件，如桥式整流堆、降压变压器、三端稳压器等，通过排查各个组成部件的好坏，找到故障点并排除故障。

106

电源变压器是电磁炉中的电压变换元件，主要用于将交流 220V 电压降压，若电源变压器故障，将导致电磁炉不工作或加热不良等现象。

若怀疑电源变压器异常，则可在通电状态下，借助万用表检测输入侧和输出侧的电压值判断好坏，如图 5-25 所示。

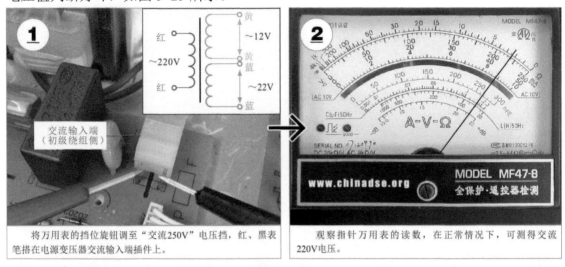

将万用表的挡位旋钮调至"交流250V"电压挡，红、黑表笔搭在电源变压器交流输入端插件上。

观察指针万用表的读数，在正常情况下，可测得交流220V电压。

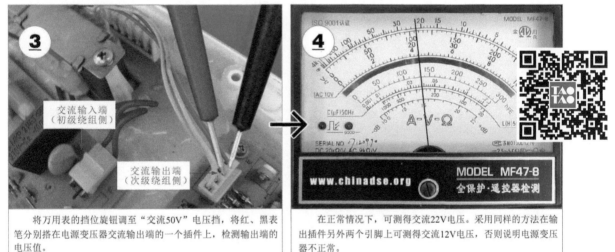

将万用表的挡位旋钮调至"交流50V"电压挡，将红、黑表笔分别搭在电源变压器交流输出端的一个插件上，检测输出端的电压值。

在正常情况下，可测得交流22V电压。采用同样的方法在输出插件另外两个引脚上可测得交流12V电压，否则说明电源变压器不正常。

图 5-25　电源供电电路中电源变压器的检测方法

若怀疑电源变压器异常时，可在断电的状态下，使用万用表检测初级绕组之间、次级绕组之间及初级绕组和次级绕组之间阻值的方法判断好坏。

在正常情况下，初级绕组之间、次级绕组之间均应有一定的阻值，初级绕组和次级绕组之间的阻值应为无穷大，否则说明电源变压器损坏。

桥式整流堆用于将输入电磁炉中的交流 220V 电压整流成 +300V 直流电压，为功率输出电路供电。若桥式整流堆损坏，则会引起电磁炉出现不开机、不加热、开机无反应等故障，可借助万用表检测桥式整流堆的输入、输出端电压值，检测和判断方法与检测电源变压器类似。

在电磁炉中，当功率输出电路出现故障时，常会引起电磁炉通电跳闸、不加热、烧熔断器、无法开机等现象。

当怀疑电磁炉的功率输出电路异常时，可先借助检修仪表检测电路中的动态参数，如供电电压、PWM 驱动信号、IGBT 输出信号等。若参数异常时，说明相关电路部件可能未进入工作状态或损坏，可对所测电路范围内的主要部件进行排查，如高频谐振电容、IGBT、阻尼二极管等，找出损坏的元器件，修复和更换后即可排除故障。

◆ 功率输出电路动态参数的检测方法。

功率输出电路正常工作需要基本的供电条件和驱动信号条件，只有在这些条件均满足的前提下才能够工作。

功率输出电路的主要参数包括 LC 谐振电路产生的高频信号、电路的 300V 供电电压、主控电路送给 IGBT 的 PWM 驱动信号及 IGBT 正常工作后的输出信号等。以 PWM 驱动信号的检测为例。

功率输出电路正常工作需要主控电路为 IGBT 提供 PWM 驱动信号。该信号也是满足功率输出电路进入工作状态的必要条件，可借助示波器检测前级主控电路送出的 PWM 驱动信号，也可在 IGBT 的 G 极进行检测，如图 5-26 所示。若该信号正常，说明主控电路部分工作正常；若无 PWM 驱动信号，则应对主控电路部分进行检测。

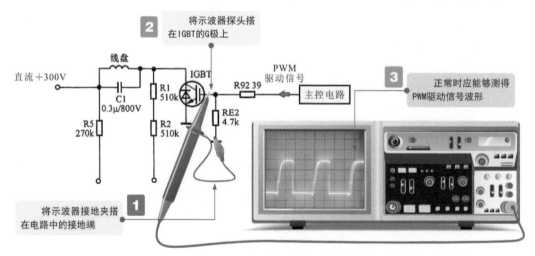

图 5-26　功率输出电路中 IGBT 驱动信号的检测方法

 在实际检测中，也可以找到主控电路与功率输出电路之间的连接插件，在连接插件处检测最为简单、易操作。

◆ 功率输出电路主要部件的检测方法。

高频谐振电容与炉盘线圈构成 LC 谐振电路，若谐振电容损坏，则电磁炉无法形成振荡回路，将引起电磁炉出现加热功率低、不加热、击穿 IGBT 等故障。

怀疑高频谐振电容时，一般可借助数字万用表的电容测量挡检测电容量，将实测电容量与标称值相比较判断好坏，如图 5-27 所示。

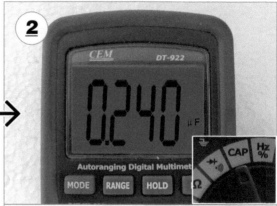

将万用表的量程调整至"CAP"电容挡，红、黑表笔别搭在高频谐振电容的两个引脚端。

观察万用表的读数，实际测得的电容量为0.24μF，属于正常范围。

图 5-27　高频谐振电容的检测方法

在功率输出电路中，IGBT（门控管）是十分关键的部件。IGBT用于控制炉盘线圈的电流，即在高频脉冲信号的驱动下使流过炉盘线圈的电流形成高速开关电流，使炉盘线圈与并联电容形成高压谐振。由于工作环境特性，因此IGBT是损坏率最高的元件之一。若IGBT损坏，将引起电磁炉出现开机跳闸、烧保险、无法开机或不加热等故障。

若怀疑IGBT异常，则可借助万用表检测IGBT各引脚间的正、反向阻值来判断好坏，如图 5-28 所示。

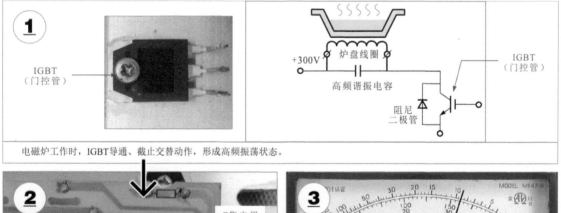

电磁炉工作时，IGBT导通、截止交替动作，形成高频振荡状态。

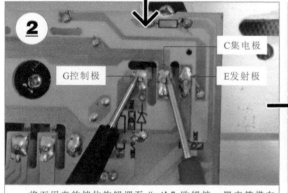

将万用表的挡位旋钮调至"×1k"欧姆挡，黑表笔搭在IGBT的控制极G引脚端，红表笔搭在IGBT的集电极C引脚端。

观察万用表的读数，在正常情况下，测得G-C引脚间的阻值为9×1kΩ=9kΩ。

图 5-28　IGBT 的检测方法

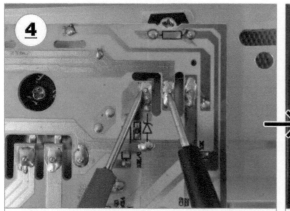

保持万用表的挡位旋钮位置不变，调换万用表的表笔，即红表笔搭在控制极，黑表笔搭在集电极，检测控制极与集电极之间的反向阻值。

在正常情况下，反向阻值为无穷大。使用同样的方法检测IGBT控制极G与发射极E之间的正、反向阻值。实测控制极与发射极之间的正向阻值为3kΩ、反向阻值为5kΩ左右

图 5-28 IGBT 的检测方法（续）

检测 IGBT（门控管）时，很容易因测试仪表的表笔在与其引脚的短时间碰触时造成 IGBT 瞬间饱和导通而击穿损坏。另外，在检修 IGBT 及相关电路后，当还未确定故障已完全被排除时，盲目通电试机很容易造成 IGBT 二次被烧毁，由于 IGBT 价格相对较高，因此在很大程度上增加了维修成本。

为了避免在检修过程中损坏 IGBT 等易损部件，可搭建一个安全检修环境，借助一些简易的方法判断电路的故障范围或是否恢复正常，如图 5-29 所示。

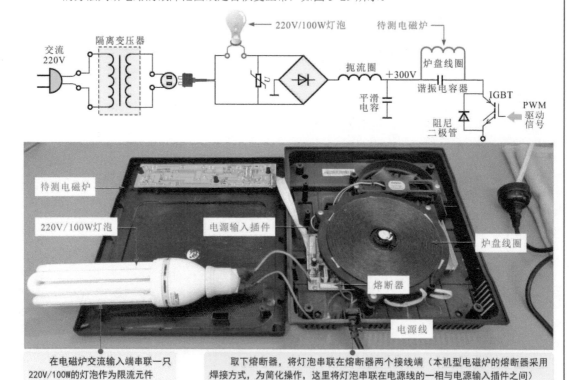

在电磁炉交流输入端串联一只220V/100W的灯泡作为限流元件

取下熔断器，将灯泡串联在熔断器两个接线端（本机型电磁炉的熔断器采用焊接方式，为简化操作，这里将灯泡串联在电源线的一相与电源输入插件之间）

图 5-29　IGBT 故障检测中的保护措施

在实测样机中，在路检测 IGBT 时，控制极与集电极之间的正向阻值为 9kΩ 左右，反向阻值为无穷大；控制极与发射极之间的正向阻值为 3kΩ，反向阻值为 5kΩ 左右。若实际检测时，检测值与正常值有很大差异，则说明 IGBT 损坏。

另外，有些 IGBT 内部集成有阻尼二极管，因此检测集电极与发射极之间的阻值受内部阻尼二极管的影响，发射极与集电极之间二极管的正向阻值为 3kΩ（样机数值），反向阻值为无穷大。单独 IGBT 集电极与发射极之间的正、反向阻值均为无穷大。

在设有独立阻尼二极管的功率输出电路中，若阻尼二极管损坏，极易引起 IGBT 击穿损坏，因此在检测该电路的过程中，检测阻尼二极管也是十分重要的环节。电磁炉中阻尼二极管的检测方法如图 5-30 所示。

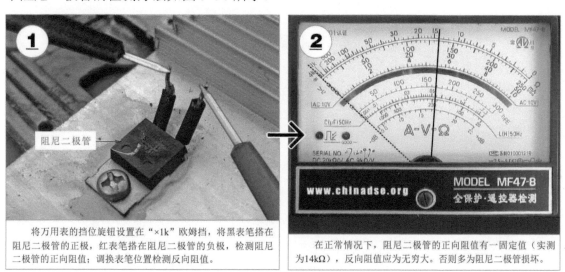

将万用表的挡位旋钮设置在"×1k"欧姆挡，将黑表笔搭在阻尼二极管的正极，红表笔搭在阻尼二极管的负极，检测阻尼二极管的正向阻值；调换表笔位置检测反向阻值。

在正常情况下，阻尼二极管的正向阻值有一固定值（实测为 14kΩ），反向阻值应为无穷大。否则多为阻尼二极管损坏。

图 5-30　阻尼二极管的检测方法

阻尼二极管是保护 IGBT（门控管）在高反压情况下不被击穿损坏的保护元器件。阻尼二极管损坏后，IGBT（门控管）很容易损坏。如发现阻尼二极管损坏，则必须及时更换。当发现 IGBT 损坏后，在排除故障时，还应检测阻尼二极管是否损坏。若损坏，需要同时更换，否则即使更换 IGBT 后，也很容易再次损坏，引发故障。

▌ 4　主控电路的检修方法

在电磁炉中，主控电路是实现电磁炉整机功能自动控制的关键电路。当主控电路出现故障时，常会引起电磁炉不开机、不加热、无锅不报警等故障。

当怀疑电磁炉主控电路故障时，可首先测试电路中的动态参数，如电路中关键部位的电压值、微处理输出的控制信号、PWM 驱动信号等。若所测参数异常时，则说明相关的电路部件可能未进入工作状态或损坏，即可根据具体测试结果，先排查关联电路部分，在外围电路正常的前提下，即可对所测电路范围内的主要部件进行检测，如微处理器、电压比较器 LM339、温度传感器、散热风扇电动机等，找出损坏的元器件，修复或更换后即可排除故障。

电磁炉主控电路以微处理器和电压比较器为主要核心部件。

◆ 微处理器的检测方法。

微处理器是非常重要的器件。若微处理器损坏，将直接导致电磁炉不开机、控制失常等故障。

怀疑微处理器异常时，可使用万用表对基本工作条件进行检测，即检测供电电压、复位电压和时钟信号，如图 5-31 所示。若在三大工作条件均满足的前提下，微处理器不工作，则多为微处理器本身损坏。

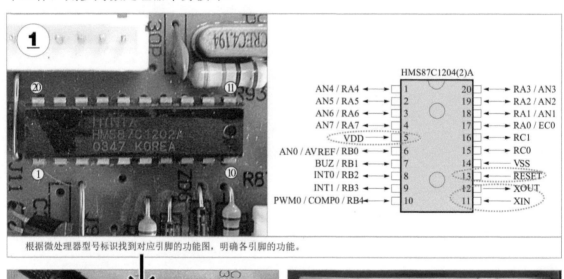

根据微处理器型号标识找到对应引脚的功能图，明确各引脚的功能。

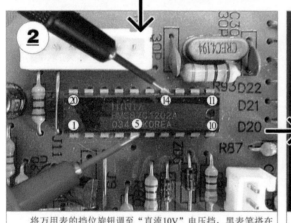

将万用表的挡位旋钮调至"直流10V"电压挡，黑表笔搭在微处理器的接地端（14脚），红表笔搭在微处理器的5V供电端（5脚）。

在正常情况下，可测得5V供电电压；采用同样的方法在复位端、时钟信号端检测电压值，正常时，复位端有5V复位电压，时钟信号端有0.2V振荡电压。

图 5-31　微处理器三大工作条件的检测方法

◆ 电压比较器的检测方法。

电压比较器是电磁炉中的关键元件之一，在电磁炉中多采用 LM339，是电磁炉炉盘线圈正常工作的必要元件，电磁炉中许多检测信号的比较、判断及产生都是由 LM339 完成的。若 LM339 异常，将引起电磁炉不加热或加热异常故障。

当怀疑电压比较器异常时，通常可在断电条件下用万用表检测各引脚对地阻值的方法判断好坏，如图 5-32 所示。

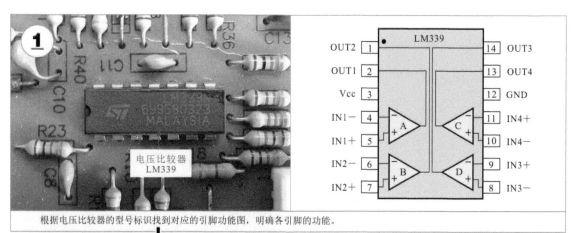

根据电压比较器的型号标识找到对应的引脚功能图，明确各引脚的功能。

将万用表的挡位旋钮调至"×1k"欧姆挡，黑表笔搭在电压比较器的接地端（12脚），红表笔依次搭在电压比较器的各引脚上（以3脚为例），检测电压比较器各引脚的正向对地阻值。

在正常情况下，可测得3脚正向对地阻值为2.9kΩ；调换表笔，采用同样的方法检测电压比较器各引脚的反向对地阻值。

图 5-32　电压比较器的检测方法

　　将实测结果与正常结果相比较，若偏差较大，则多为电压比较器内部损坏。在一般情况下，若电压比较器引脚对地阻值未出现多组数值为零或为无穷大的情况，则基本属于正常。

　　电压比较器各引脚的对地阻值见表 5-2，可作为参数数据对照判断。

表 5-2　电压比较器 LM339 各引脚的对地阻值

引脚	对地阻值（kΩ）	引脚	对地阻值（kΩ）	引脚	对地阻值（kΩ）	引脚	对地阻值（kΩ）
①	7.4	⑤	7.4	⑨	4.5	⑬	5.2
②	3	⑥	1.7	⑩	8.5	⑭	5.4
③	2.9	⑦	4.5	⑪	7.4	—	—
④	5.5	⑧	9.4	⑫	0	—	—

▌5　操作显示电路的检修方法

　　电磁炉的操作显示电路出现故障后，常会引起电磁炉操作功能失灵或显示部分不动作。检修操作显示电路时，可重点检测电路中的操作按键、电路供电条件等部分。

操作按键损坏经常会引起电磁炉控制失灵的故障，检修时，可借助万用表检测操作按键的通/断情况判断操作按键是否损坏，如图5-33所示。

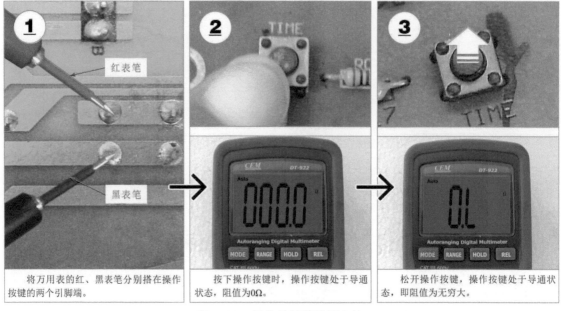

图5-33　操作按键的检测方法

操作显示电路正常工作需要一定的工作电压，若电压不正常，则整个操作显示电路将不能正常工作，从而引起电磁炉出现按键无反应及指示灯、数码显示管无显示等故障。检测时，可在操作显示电路板与主电路板之间的连接插件处或电路主要器件（移位寄存器）的供电端检测，如图5-34所示。

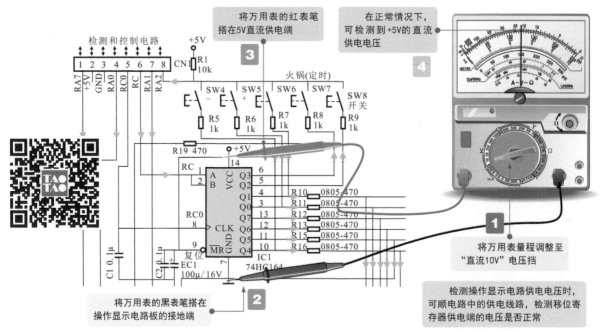

图5-34　操作显示电路供电条件的检测方法

第6章　洗衣机的结构原理与检修技能

6.1　洗衣机的结构原理

6.1.1　洗衣机的结构组成

洗衣机是一种将电能通过电动机转换为机械能，并依靠机械作用产生的旋转和摩擦洗涤衣物的机电一体化产品。图6-1为典型洗衣机的实物外形。

半自动波轮洗衣机

全自动波轮洗衣机

滚筒洗衣机

图6-1　典型洗衣机的实物外形

不同类型洗衣机外形结构不同，基本工作原理相似，本章以常见的波轮洗衣机为例了解洗衣机的结构、原理和检修方法。

图6-2为典型波轮洗衣机的结构组成。

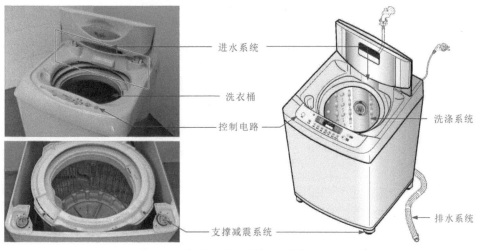

图6-2　典型波轮洗衣机的结构组成

波轮洗衣机又称涡旋式洗衣机，由电动机通过传动机构带动波轮做正向和反向（或单向连续）旋转，利用水流与洗涤物的摩擦和冲刷作用实现洗涤。波轮洗衣机主要是由进水系统、排水系统、洗涤系统、支撑减震系统及控制电路部分构成的。

1 进水系统

波轮洗衣机的进水系统主要用于合理控制洗衣机内水位的高、低。图6-3为典型波轮洗衣机中的进水系统，主要是由进水电磁阀、水位开关及进水管等构成的。

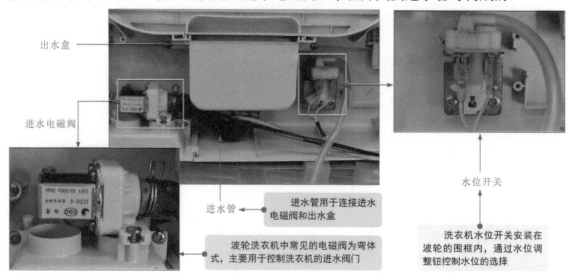

图6-3 典型波轮洗衣机中的进水系统

2 排水系统

波轮洗衣机排水系统的作用是在洗衣机完成洗涤工作后，将洗涤桶内的水排出，在通常情况下，洗衣机的排水系统位于洗衣机的下方，如图6-4所示。

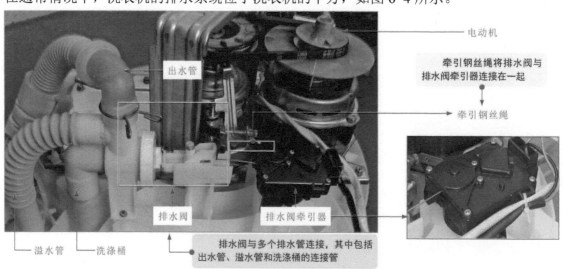

图6-4 典型波轮洗衣机中的排水系统

　　洗涤系统用于将电动机的动力传递给波轮，由波轮对洗涤桶内的衣物进行洗涤。图 6-5 为典型波轮洗衣机中的洗涤系统，主要是由波轮、内桶、外桶、电动机、离合器、皮带和保护支架等部分构成的。

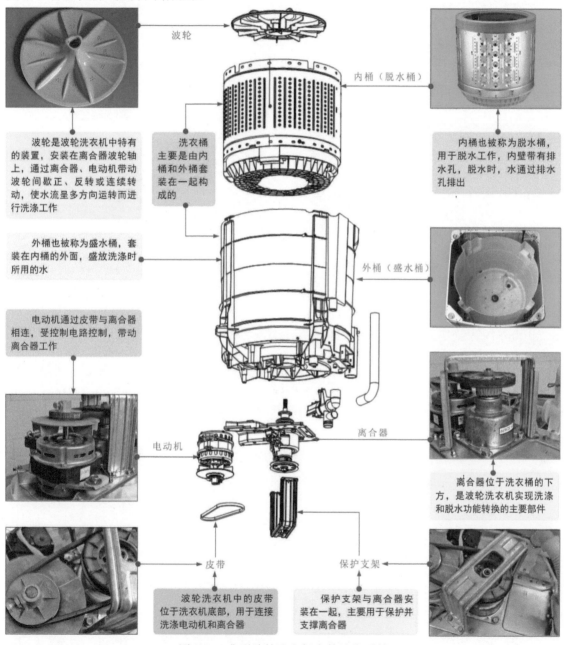

波轮

内桶（脱水桶）

波轮是波轮洗衣机中特有的装置，安装在离合器波轮轴上，通过离合器、电动机带动波轮间歇正、反转或连续转动，使水流呈多方向运转而进行洗涤工作

洗衣桶主要是由内桶和外桶套装在一起构成的

内桶也被称为脱水桶，用于脱水工作，内壁带有排水孔，脱水时，水通过排水孔排出

外桶也被称为盛水桶，套装在内桶的外面，盛放洗涤时所用的水

外桶（盛水桶）

电动机通过皮带与离合器相连，受控制电路控制，带动离合器工作

电动机

离合器

离合器位于洗衣桶的下方，是波轮洗衣机实现洗涤和脱水功能转换的主要部件

皮带

保护支架

波轮洗衣机中的皮带位于洗衣机底部，用于连接洗涤电动机和离合器

保护支架与离合器安装在一起，主要用于保护并支撑离合器

图 6-5　典型波轮洗衣机中的洗涤系统

4 支撑减震系统

　　支撑减震系统主要由底座、吊杆组件、箱体、围框等组成，如图 6-6 所示。其中，

吊杆组件悬挂在外箱体上部的四只箱角上,吊挂洗衣机中的主要部分。吊杆组件除了起吊挂作用外,还起减震作用,以保证洗涤、脱水时的动平衡和稳定。

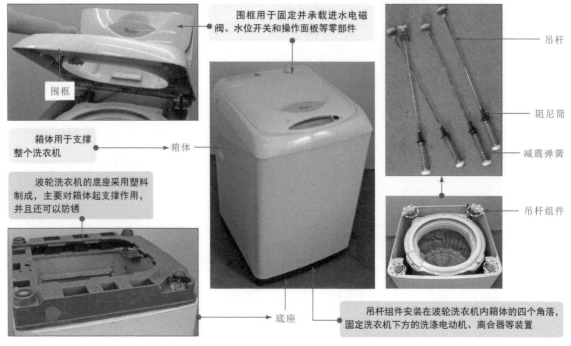

图 6-6　典型波轮洗衣机中的支撑减震系统

▌5　控制电路部分

波轮洗衣机的控制电路是整机控制中心,主要由微处理器、操作按键、指示灯和供电接口构成,与洗衣机电气部件通过连接线连接。

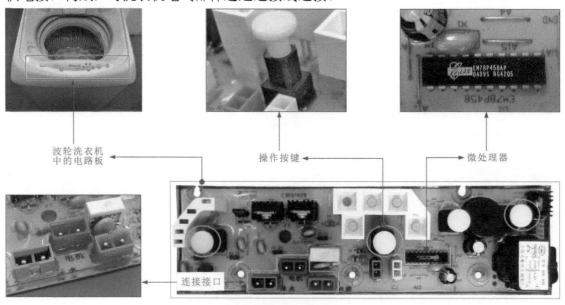

图 6-7　典型波轮洗衣机中的控制电路部分

　　不同类型的洗衣机结构各异，基本工作原理大致相同。仍以波轮洗衣机为例介绍。波轮洗衣机通过波轮转动的洗涤方式，利用水流与洗涤物的摩擦和冲刷作用完成衣物的洗涤。其中，波轮的转动由传动机构带动波轮做正向和反向的旋转。

　　图 6-8 为典型洗衣机的工作过程示意图。

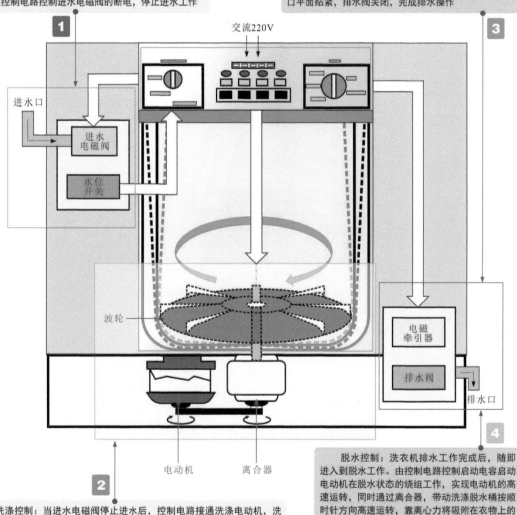

1　进水控制：将洗衣机通电，关闭上盖，通过操作显示面板选择洗涤方式、启动等人工指令，控制电路输出控制进水系统的控制指令，此时进水系统中的进水电磁阀开启并注水，随着洗涤桶中水位的不断上升，洗涤桶内的水位由水位开关检出，通过水位开关内触点开关的转换使控制电路控制进水电磁阀的断电，停止进水工作

3　排水控制：洗涤结束后，排水电磁铁因线圈通电而吸合衔铁，衔铁通过排水阀杆拉开排水阀中与橡皮密封膜连成一体的阀门，洗涤后的污水因阀门开放而排出机外。排水结束后，排水电磁铁因线圈断电而将衔铁释放，阀中的压缩弹簧推动橡皮密封膜，使阀门与阀体端口平面贴紧，排水阀关闭，完成排水操作

2　洗涤控制：当进水电磁阀停止进水后，控制电路接通洗涤电动机，洗涤电动机运转后，通过机械转动系统将电动机的动力传递给波轮对洗涤桶内的衣物进行洗涤。洗涤时，电动机运转，通过减速离合器降低转速，并带动波轮间歇正、反转进行衣物的洗涤操作。在洗涤过程中，洗涤桶不停地转动，当波轮旋转带动衣物时会产生离心力，洗涤桶前后左右地移动，此时，可以通过支撑减震装置中的吊杆组件保持洗涤桶工作过程中的平衡

4　脱水控制：洗衣机排水工作完成后，随即进入到脱水工作。由控制电路控制启动电容启动电动机在脱水状态的绕组工作，实现电动机的高速运转，同时通过离合器，带动洗涤脱水桶按顺时针方向高速运转，靠离心力将吸附在衣物上的水分甩出桶外，起到脱水作用。

　　波轮洗衣机安全装置中的安全门开关主要用于波轮洗衣机在通电状态下的安全保护作用，可直接控制电动机的电源，当洗衣机处于工作状态时，打开洗衣机门，洗衣机将立即停止工作

图 6-8　典型洗衣机的工作过程示意图

滚筒洗衣机也是目前常见的一种洗衣机类型，将被洗涤的衣物放在水平（或接近水平）放置的洗涤桶内，使衣物的一部分浸入水中，滚筒定时正、反转或连续转动，使衣物在桶内翻滚并与洗涤液之间产生碰撞、摩擦，从而达到洗涤的目的。图 6-9 为典型滚筒洗衣机的整机结构。

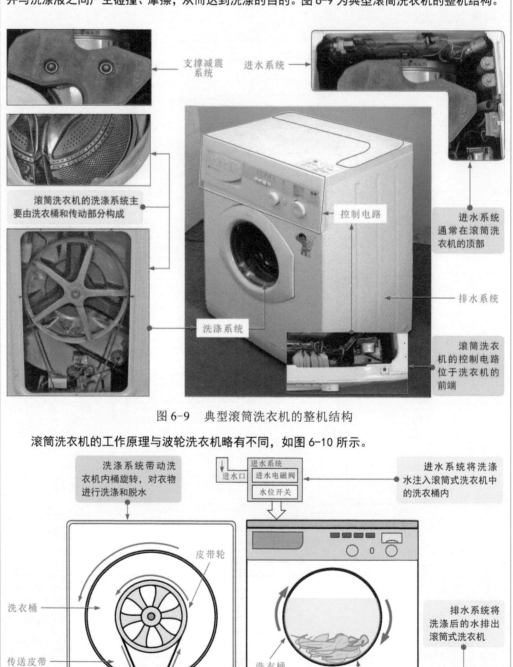

图 6-9　典型滚筒洗衣机的整机结构

　　滚筒洗衣机的工作原理与波轮洗衣机略有不同，如图 6-10 所示。

图 6-10　典型滚筒洗衣机的工作原理

各种动作的实现和转换都是由控制电路实现的，不同类型和型号洗衣机的控制电路大致相同，可能在控制细节和关系上略有区别。图6-11为典型洗衣机控制电路的控制关系框图。

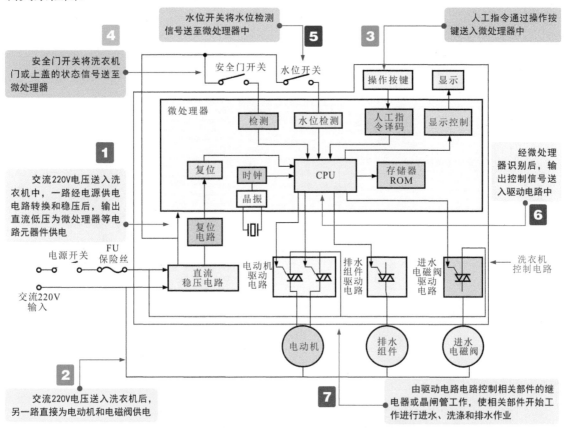

图 6-11　典型洗衣机控制电路的控制关系框图

洗衣机整机电路功能关系图有助于理清各元器件或电路单元之间的控制关系，如图6-12所示。

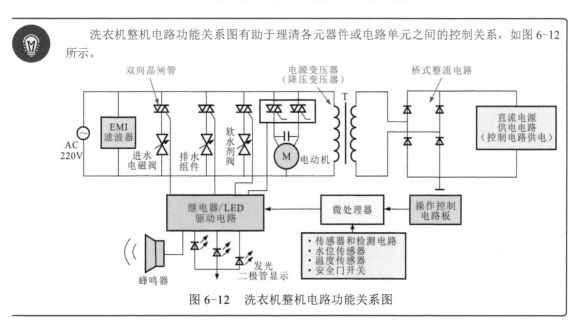

图 6-12　洗衣机整机电路功能关系图

图6-13为海尔XQB45-A型波轮洗衣机的电路图。该电路主要由微处理器IC1阀IV、电动机、安全门开关K2、水位开关K3及操作按键SW6～SW11、指示灯

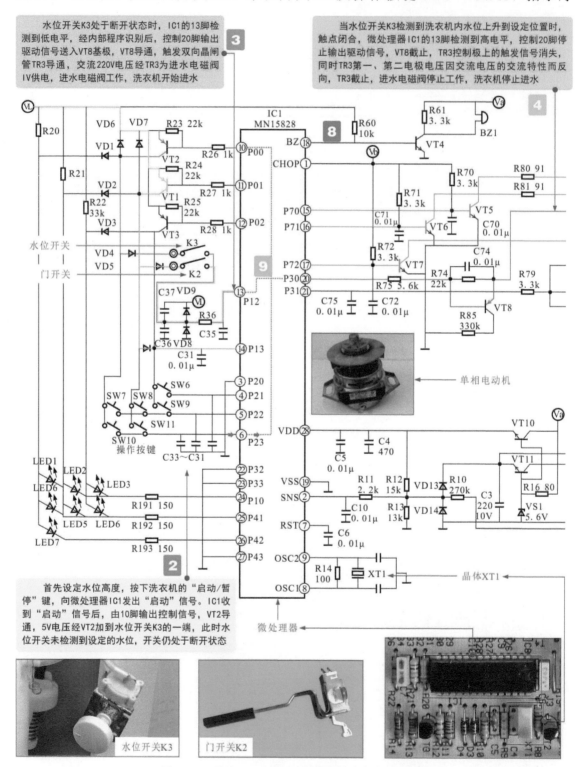

水位开关K3处于断开状态时，IC1的13脚检测到低电平，经内部程序识别后，控制20脚输出驱动信号送入VT8基极，VT8导通，触发双向晶闸管TR3导通，交流220V电压经TR3为进水电磁阀IV供电，进水电磁阀工作，洗衣机开始进水

当水位开关K3检测到洗衣机内水位上升到设定位置时，触点闭合，微处理器IC1的13脚检测到高电平，控制20脚停止输出驱动信号，VT8截止，TR3控制极上的触发信号消失，同时TR3第一、第二电极电压因交流电压的交流特性而反向，TR3截止，进水电磁阀停止工作，洗衣机停止进水

首先设定水位高度，按下洗衣机的"启动/暂停"键，向微处理器IC1发出"启动"信号。IC1收到"启动"信号后，由10脚输出控制信号，VT2导通，5V电压经VT2加到水位开关K3的一端，此时水位开关未检测到设定的水位，开关仍处于断开状态

水位开关K3

门开关K2

单相电动机

微处理器

晶体XT1

图6-13 海尔XQB45-A型波轮洗衣机的电路图

122

（MN15828）、晶体 XT1、双向晶闸管（TR1 ～ TR5）、排水组件 CS、进水电磁
LED1 ～ LED7 等构成的。

当洗衣机停止进水后，微处理器内部定时器启动，进入"浸泡"状态，浸泡指示灯点亮。当定时时间到，微处理器在内部程序控制下，由15、16脚轮流输出驱动信号，分别经VT5、VT6后送到TR1、TR2控制极，TR1、TR2轮流导通，电动机开始正、反向旋转，通过皮带将动力传输给离合器，带动波轮转动，洗衣机进入"洗涤"状态。

在洗涤开始的同时，微处理器内部定时器开始对洗涤时间进行计时（用户选择洗涤模式不同，如普通洗涤、节水洗涤、加长洗涤等，定时器设定时间不同），当计时时间到后，微处理器的15、16脚停止输出驱动信号，电动机停止工作，洗涤完成

5

晶闸管 →

当洗衣机停止洗涤后，微处理器在内部程序作用下，由17脚输出控制信号，经晶体管VT7放大后送到双向晶闸管TR5的控制极，TR5导通，排水组件得电，内部电磁铁牵引器牵引排水阀动作，排水阀打开，洗衣机桶内的水便顺着排水机出口从排水管中排出

6

排水电磁阀 →

洗衣机排水工作完成后，洗衣机进入脱水环节，由微处理器IC1的15、16脚输出脱水驱动信号，驱动晶体管VT5、VT6和双向晶闸管TR1、TR2导通，使洗衣机电动机单向高速旋转，同时通过离合器，带动洗衣机内的脱水桶顺按时针方向高速运转，靠离心力将吸附在衣物上的水分甩出桶外，起到脱水作用

7

脱水完毕后，微处理器IC1控制排水组件CS和洗涤电动机停止工作后，微处理器IC1的18脚输出蜂鸣器控制信号，经VT4放大后，驱动蜂鸣器BZ1发出提示音，提示洗衣机洗涤衣物完成后，操作控制面板上的指示灯全部熄灭，完成衣物的洗涤工作

8

当洗衣机上盖处于关闭状态时，安全门开关K2闭合。当按下洗衣机"启动/暂停"操作按键后，微处理器的11脚输出控制信号使晶体管VT1导通，5V电压经VT1为安全门开关供电，将该电压送至微处理器的13脚。

当微处理器的13脚检测到5V电压时，15、16脚才可输出驱动信号，控制洗衣机洗涤或脱水。

若上盖被打开，微处理器便检测不到经过安全门开关的5V电压，便会暂停15、16的信号输出，洗衣机电动机立即断电，停止洗涤工作，待上盖关闭后，继续工作

9

洗衣机通电开机后，交流220V电压经电源插头送入电源电路中，经熔断器FU、电源开关K1后分为两路：

一路直接输出交流电压为电动机、进水电磁阀、排水组件供电；

另一路经电源变压器降压后送入桥式整流堆DB1进行整流，输出的直流电压再经滤波电容C2滤波，VT11、VT10稳压后，输出稳定的直流电压为微处理器和其他需要直流供电的器件供电

1

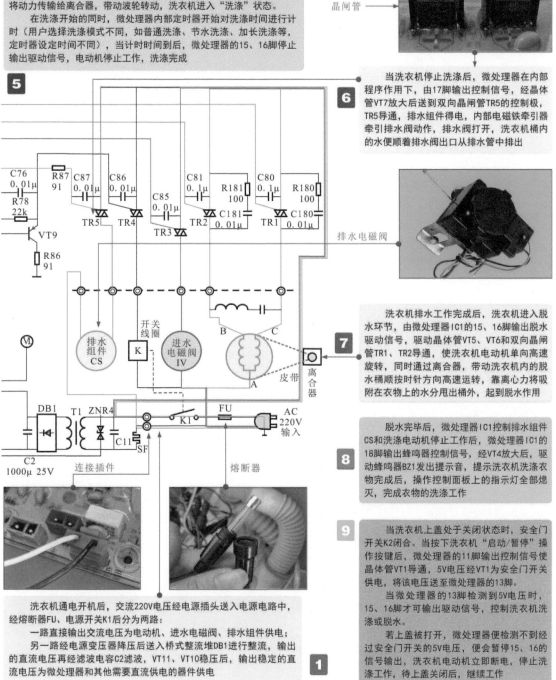

图 6-13　海尔 XQB45-A 型波轮洗衣机的电路图

6.2.1 洗衣机的故障特点

洗衣机作为一种洗涤设备，最基本的功能是通过转动完成对衣物的洗涤，因此出现故障后，最常见的故障表现主要为洗衣机不洗涤、洗衣机不脱水等；另外，洗衣机在洗涤过程中，进水 / 排水也是非常重要的工作环节，功能失常也会引起洗衣机不进水、进水不止、不能排水或排水不止等现象。

洗衣机的各种故障表现均体现洗衣机某些功能部件的工作出现异常，而且每个故障现象往往与故障部件之间存在对应关系，掌握这种对应关系，准确进行故障分析，对提高检修效率十分有帮助。图 6-14 为洗衣机的故障特点。

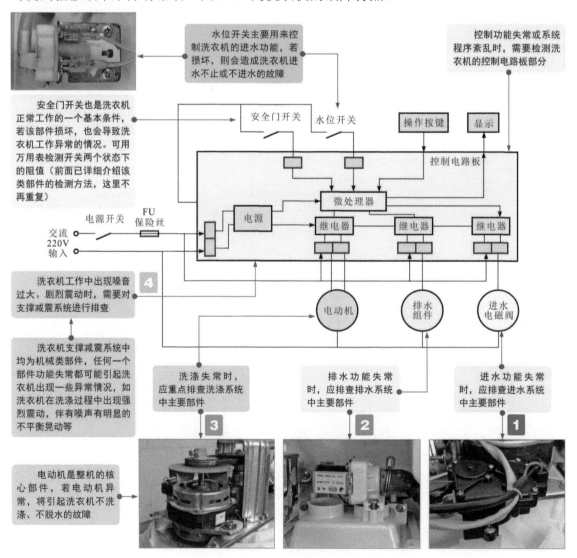

图 6-14　洗衣机的故障特点

洗衣机出现故障时，通常指向性比较明显，大多可根据故障表现分析出引发该故障的器件：

◆ 不能进水是指洗衣机不能通过进水系统将水源送入洗衣桶内的故障现象，应重点检查与进水相关部件，如进水电磁阀、进水管等；

◆ 进水不止是指洗衣机通过进水系统加注水源时，待到达预定水位后，不能停止进水的故障现象，应重点检查与进水相关的部件和控制部分，如进水电磁阀、水位开关、控制电路等；

◆ 不能洗涤时，应重点检查与洗涤功能相关的部件，如电动机、控制电路等；

◆ 不能脱水时，应重点检查与脱水功能相关的部件，如电动机、离合器、控制电路等；

◆ 不能排水是指洗衣机洗涤完成以后，不能通过排水系统排出洗衣桶内的水，应重点检查与排水相关的部件，如排水装置、排水管等；

◆ 排水不止是指洗衣机总是处于排水操作，无法停止，应重点检查与排水相关的部件和控制部分，如排水装置、控制电路等；

◆ 噪声过大是指洗衣机在工作工程中产生异常的声响，严重时造成不能正常工作，应重点检查减震支撑装置。

6.2.2 洗衣机的故障检修方法

结合洗衣机的结构和工作原理分析，并根据基本的检修分析和判断，检修洗衣机时，主要是对怀疑故障的部件逐一检测，并判断出所测部件的好坏，找出故障原因或故障部件，进行修复或更换后，最终排除故障。

1 进水系统的故障检修

在波轮洗衣机中，进水工作是整机洗涤工作的前提，当进水系统中任何一部分出现故障后，均会造成波轮洗衣机不能正常洗涤的故障。怀疑进水系统异常时，应重点检测进水电磁阀、水位开关等部件。

◆ 进水电磁阀的检测方法。

洗衣机进水电磁阀出现故障常引起洗衣机不进水、进水不止或进水缓慢等故障，可借助万用表检测进水电磁阀电磁线圈的阻值判断好坏，如图6-15所示。

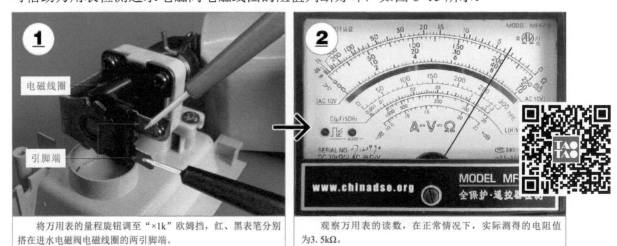

将万用表的量程旋钮调至"×1k"欧姆挡，红、黑表笔分别搭在进水电磁阀电磁线圈的两引脚端。	观察万用表的读数，在正常情况下，实际测得的电阻值为3.5kΩ。

图6-15　进水电磁阀电磁线圈的检测方法

进水电磁阀正常工作需要满足基本供电条件，可在控制电路板与部件的连接接口处检测电压值，如图6-16所示。

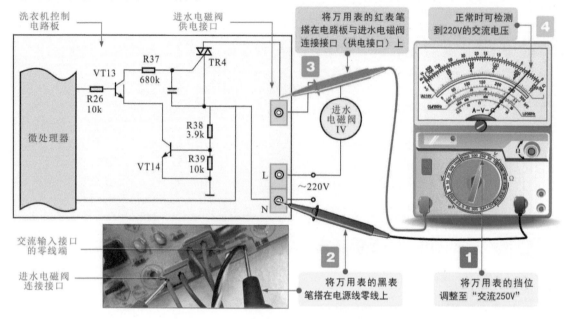

图6-16　进水电磁阀供电电压的检测方法

若无交流供电或交流供电异常，则多为控制电路故障，应重点检查进水电磁阀驱动电路（即双向晶闸管和控制线路其他元器件）、微处理器等。

检测洗衣机进水电磁阀的供电电压时，需要使洗衣机处于进水状态下，因此，要求洗衣机中的水位开关均处于初始断开状态（水位开关断开，微处理器输出高电平信号，进水电磁阀得电工作，开始进水；水位开关闭合，微处理器输出低电平信号，进水电磁阀失电，停止进水），并按动洗衣机控制电路上的启动按键，为洗衣机创造进水状态条件。

另外值得注意的是，如果检修的洗衣机为波轮洗衣机，则在进水状态下，安全门开关的状态大多不影响进水状态，即安全门开关在开或关时，洗衣机均可进水；如果检修的洗衣机为滚筒洗衣机，若想使洗衣机处于进水状态，除满足水位开关状态正确、输入启动指令外，还必须将安全门开关（电动门锁）关闭，否则洗衣机无法进入进水状态。

当波轮洗衣机使用多年后，进水电磁阀可能会出现堵塞、锈蚀等现象，因此需要定期进行养护，如图6-17所示，以确保洗衣机能够良好工作。

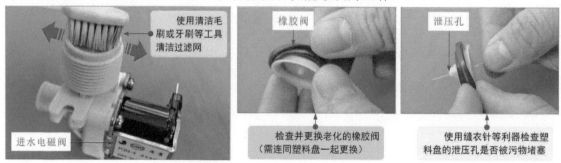

图6-17　进水电磁阀的清理和养护

◆ 水位开关的检测方法。

水位开关失常也会引起进水电磁阀控制失灵，同样会出现不能自动进水的故障。检修水位开关时，可使用万用表检测水位开关内触点的通、断状态是否正常。

在未注水或水位未达到设定高度的情况下，水位开关触点间的阻值应为无穷大；当水位达到设定高度时，水位开关触点间的阻值为零，如图6-18所示。

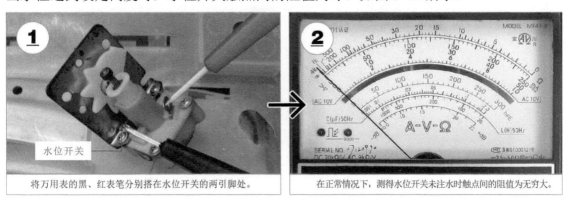

图6-18　水位开关触点间阻值的检测

检测水位开关内部的触点正常，还可进一步将水位开关取下后，通过调节水位调节钮到不同的位置查看水位开关的凸轮、套管及弹簧是否出现位移或损坏现象等，如图6-19所示。

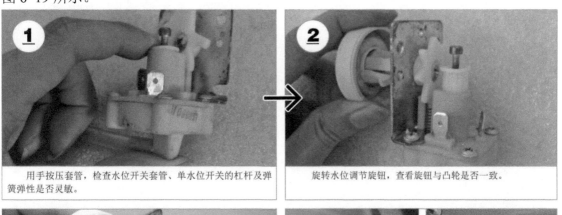

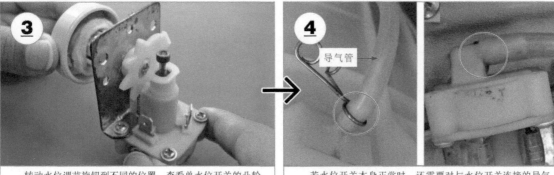

图6-19　水位开关机械部件的检查和修复

波轮洗衣机的排水系统是机械部件（如排水管和排水阀）与电气部件（如牵引器或排水泵）的结合体，检修时不仅需要借助检修仪表对电气部件进行检测判断，还应对机械部件及机械部件与电气的关联部分检查，如排水阀等部件性能是否良好，安装、连接是否稳妥，联动是否顺畅等，如图6-20所示。

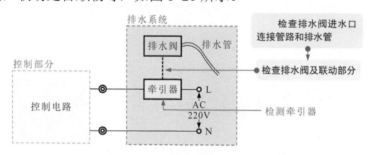

图 6-20　排水系统的重点检修部分

◆ 检查排水阀连接管路和排水管。

波轮洗衣机排水系统正常工作需要与进水口连接管路和排水管配合，因此应首先检查进水口连接管路和排水管，检查管路是否出现堵塞、破损等现象，如图6-21所示。

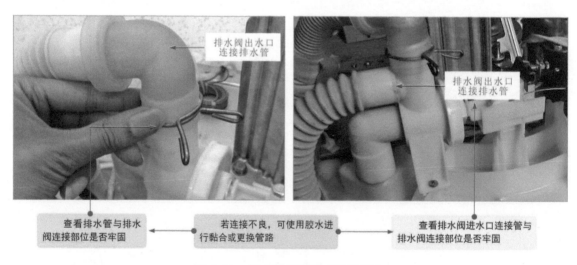

图 6-21　排水系统的重点检修部分

◆ 检查排水阀及联动部分。

排水阀及联动部分属于波轮洗衣机排水系统的重要机械部件，检修时，首先要明确排水阀及联动部分的状态是否正常。

在波轮式洗衣机中，常见的排水阀有电磁铁牵引式和电动机牵引式，不同结构组成的排水系统，具体的检查部位和方法有所不同。这里以电磁铁牵引式为例。

检修电磁铁牵引式排水阀时，首先查看外观是否损坏，如连接衔铁和电磁铁牵引器的开口销是否有脱落或断裂现象、检查电磁铁牵引器是否有松动现象、检查销钉是否脱落或断裂及检查排水阀是否有损坏现象等。

电磁铁牵引式排水阀及联动部分的检查如图 6-22 所示。

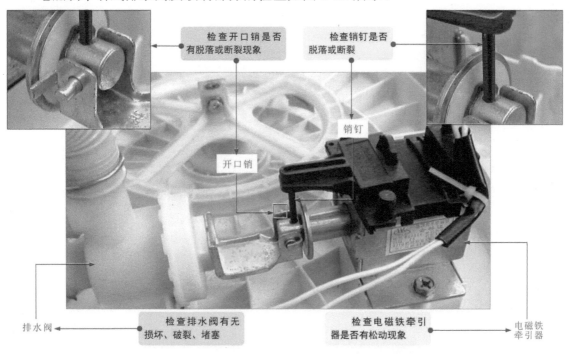

检查开口销是否有脱落或断裂现象

检查销钉是否脱落或断裂

销钉

开口销

排水阀

检查排水阀有无损坏、破裂、堵塞

检查电磁铁牵引器是否有松动现象

电磁铁牵引器

图 6-22 电磁铁牵引式排水阀及联动部分的检查

图 6-23 为电磁铁牵引式排水系统关系示意图。当控制电路输出驱动信号后，电磁铁牵引器的内线圈得电，线圈产生的磁场吸引衔铁动作，衔铁带动拉杆水平移动，此时挂在拉杆上的排水内弹簧被拉动，当内弹簧的拉力大于外弹簧的弹力和橡胶阀的弹力时，外弹簧被压缩，带动橡胶阀移动。当橡胶阀被移开时，排水通道就被开通了，洗衣桶内的水将被排出。

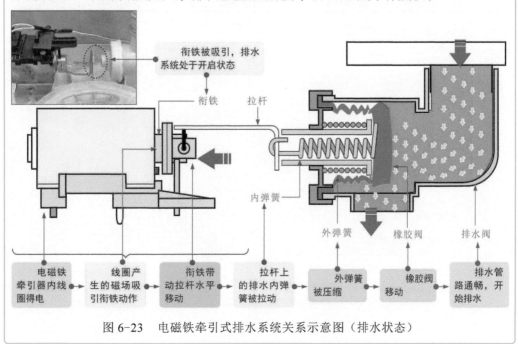

衔铁被吸引，排水系统处于开启状态

衔铁　　拉杆

内弹簧

外弹簧　　橡胶阀　　排水阀

电磁铁牵引器内线圈得电

线圈产生的磁场吸引衔铁动作

衔铁带动拉杆水平移动

拉杆上的排水内弹簧被拉动

外弹簧被压缩

橡胶阀移动

排水管路通畅，开始排水

图 6-23 电磁铁牵引式排水系统关系示意图（排水状态）

接着可检查排水阀与电磁铁牵引器之间的联动状态是否正常，即将洗衣机分别置于"排水"和"洗涤"或"漂洗"状态，通过调整不同的工作状态，查看牵引器与排水阀之间的联动关系是否正常，如图6-24所示。

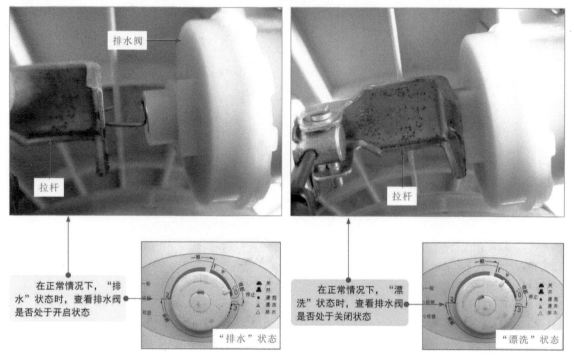

在正常情况下，"排水"状态时，查看排水阀是否处于开启状态

"排水"状态

在正常情况下，"漂洗"状态时，查看排水阀是否处于关闭状态

"漂洗"状态

图6-24   电磁铁牵引器与排水阀之间联动状态的检查

电磁铁牵引器带动排水阀内部的橡胶阀工作，由于排水阀多数采用半透明的塑料制成，因此可以通过在外部查看排水阀中的橡胶阀在不同状态时的位置判断排水阀内部是否与外部联动状态保持一致，如图6-25所示。

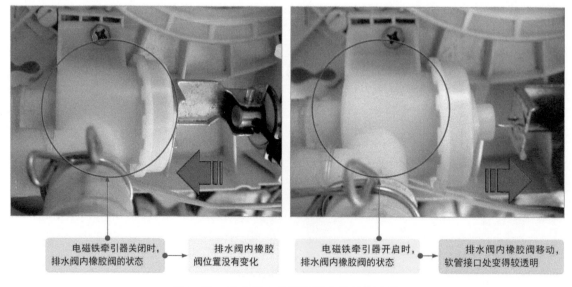

电磁铁牵引器关闭时，排水阀内橡胶阀的状态

排水阀内橡胶阀位置没有变化

电磁铁牵引器开启时，排水阀内橡胶阀的状态

排水阀内橡胶阀移动，软管接口处变得较透明

图6-25   排水阀内橡胶阀状态的检查方法

◆ 电磁式牵引器的检测方法。

电磁式牵引器工作时，通过线圈的得、失电控制衔铁的状态，可在断电状态下借助万用表检测线圈的阻值判断好坏（可测量连接线之间），如图6-26所示。

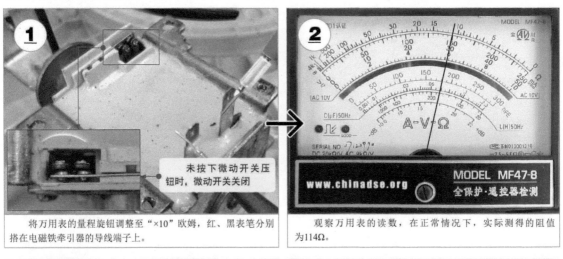

将万用表的量程旋钮调整至"×10"欧姆，红、黑表笔分别搭在电磁铁牵引器的导线端子上。	观察万用表的读数，在正常情况下，实际测得的阻值为114Ω。

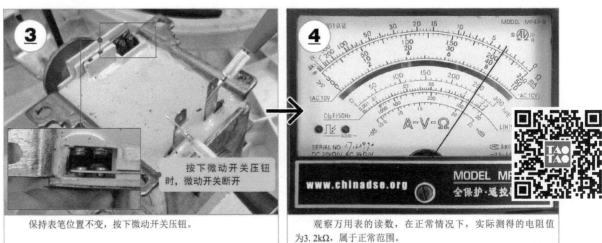

保持表笔位置不变，按下微动开关压钮。	观察万用表的读数，在正常情况下，实际测得的电阻值为3.2kΩ，属于正常范围。

图6-26　电磁式牵引器的检测方法

开路故障。在没有按下微动开关压钮时，所测得的阻值超过200Ω，就可以判断转换触点接触不良。此时，可以将电磁铁牵引器拆卸下来，查看转换触点是否被烧蚀，可通过清洁转换触点排除故障。

3　洗涤系统的故障检修

波轮洗衣机洗涤系统异常通常会造成洗衣机不洗涤、洗涤转速慢或洗涤时噪声较大等故障，可对该系统中的主要组成部件（如皮带及皮带轮、离合器、电动机启动电容器、电动机等）逐一检查，找到异常、损坏或磨损的部位，修复、更换或处理异常部件后，即可排除故障，如图6-27所示。

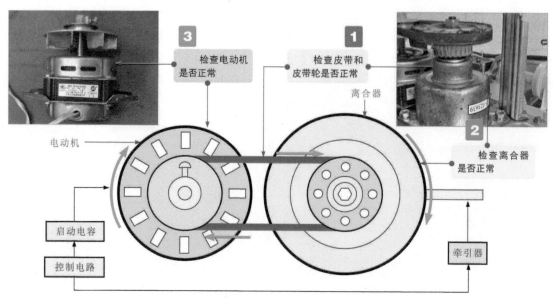

图 6-27　波轮洗衣机洗涤系统的检修部件

◆ 皮带和皮带轮的检修方法。

　　洗涤系统功能失常时，可首先检查动力传送部件，如皮带、皮带轮，将波轮洗衣机翻转，使其底部向上，检查传动皮带在单相异步电动机皮带轮与离合器皮带轮之间的连接是否松动、传动皮带是否老化、皮带轮上的紧固螺母是否松动等，如图6-28所示。若出现上述故障，需要及时调整或更换。

图 6-28　皮带和皮带轮的检修方法

◆ 离合器的检修方法。

离合器是波轮洗衣机实现洗涤和脱水功能转换的主要部件，只有在带有脱水功能的波轮洗衣机中才会安装离合器。

波轮洗衣机在洗涤过程中，通过离合器波轮轴的旋转实现波轮的旋转，当需要脱水时，离合器的脱水轴便会带动脱水桶高速旋转，如图 6-29 所示。

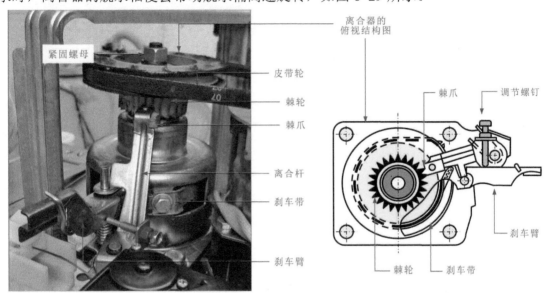

图 6-29　波轮洗衣机中离合器的结构

当怀疑离合器异常时，可以模拟离合器在波轮洗衣机不同工作状态下的动作来判断其工作是否正常，如图 6-30 所示。

图 6-30　检查不同状态下的离合器

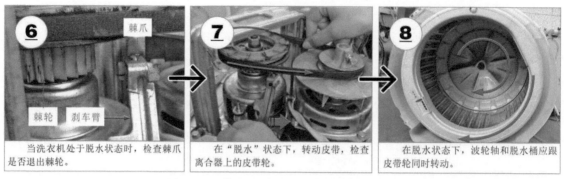

当洗衣机处于脱水状态时，检查棘爪是否退出棘轮。

在"脱水"状态下，转动皮带，检查离合器上的皮带轮。

在脱水状态下，波轮轴和脱水桶应跟皮带轮同时转动。

图 6-30　检查不同状态下的离合器（续）

◆ 电动机的检修方法。

在波轮洗衣机中，使用的电动机大多数为单相异步电动机，该电动机工作时需要启动电容启动才可以正常工作，如图 6-31 所示。

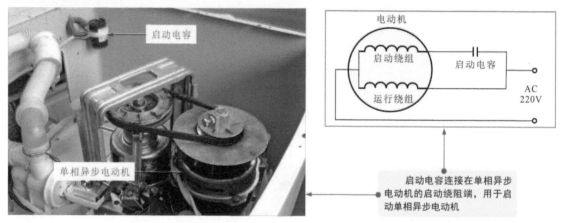

图 6-31　电动机启动电容的安装位置

启动电容是电动机启动的条件，因此需先检查启动电容本身是否正常。若启动电容因漏液、变形导致容量减少时，多会引起电动机转速变慢的故障；若启动电容漏电严重、完全无容量时，将会导致电动机不启动、不运行的故障。

检查启动电容时，可先观察其表面有无明显漏液、变形等现象，如图 6-32 所示。

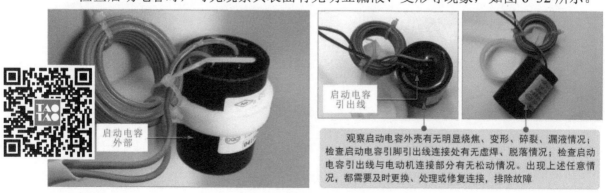

观察启动电容外壳有无明显烧焦、变形、碎裂、漏液情况；检查启动电容引脚引出线连接处有无虚焊、脱落情况；检查启动电容引出线与电动机连接部分有无松动情况。出现上述任意情况，都需要及时更换、处理或修复连接，排除故障

图 6-32　启动电容的检修方法

若启动电容外观无明显异常，则可借助万用表测量电容量的方法判断好坏，如图 6-33 所示。

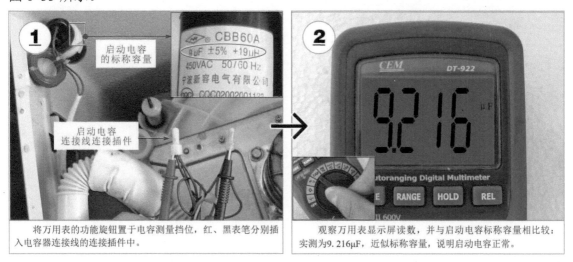

将万用表的功能旋钮置于电容测量挡位，红、黑表笔分别插入电容器连接线的连接插件中。

观察万用表显示屏读数，并与启动电容标称容量相比较：实测为9.216μF，近似标称容量，说明启动电容正常。

图 6-33　启动电容电容量的检测

若启动电容正常，电动机仍不能正常启动（供电等条件均正常的前提下），则需要进一步对电动机进行检修。判断电动机是否正常时，可通过万用表对电动机各绕组间的阻值进行检测，如图 6-34 所示。

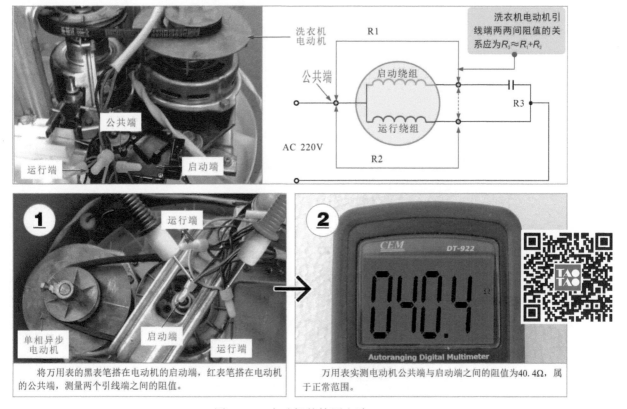

洗衣机电动机引线端两两间阻值的关系应为 $R_3 \approx R_1 + R_2$

将万用表的黑表笔搭在电动机的启动端，红表笔搭在电动机的公共端，测量两个引线端之间的阻值。

万用表实测电动机公共端与启动端之间的阻值为40.4Ω，属于正常范围。

图 6-34　电动机的检测方法

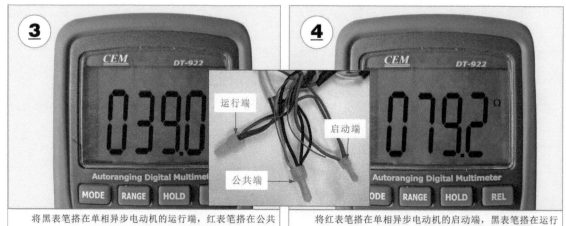

将黑表笔搭在单相异步电动机的运行端，红表笔搭在公共端，万用表实测电动机公共端与运行端之间的阻值为39Ω。

将红表笔搭在单相异步电动机的启动端，黑表笔搭在运行端，万用表实测电动机启动端与运行端之间的阻值为79.2Ω。

图 6-34　电动机的检测方法（续）

在正常情况下，洗衣机电动机（单相异步）启动端与运行端之间的阻值约等于公共端与启动端之间的阻值加上公共端与运行端之间的阻值。

若检测时发现某两个引线端的阻值趋于无穷大，则说明绕组中有断路情况；若三组数值间不满足等式关系，则说明电动机内绕组可能存在绕组间短路等情况，应更换电动机。

┃ 4　支撑减震系统的故障检修

使用波轮洗衣机时，常常会由于衣物在洗衣桶内的放置不合理或洗衣机自身放置不合理而引起洗衣桶转动失衡产生噪声。这种情况需重点检查支撑减震系统。

波轮洗衣机减震支撑系统的核心部件是吊杆组件。该组件出现故障主要表现为洗衣机工作噪声大或洗衣桶转动不平衡报警，检修时主要观察该组件与箱体或洗涤桶的连接是否正常、吊杆是否出现锈蚀等情况。

◆ 检查吊杆组件挂头与箱体之间的悬挂是否正常。

波轮洗衣机中吊杆组件的挂头悬挂在洗衣机箱体四个角的球面凹槽内，若洗衣桶的支撑出现故障，可首先检查吊杆组件与箱体之间的悬挂是否正常，如图 6-35 所示。

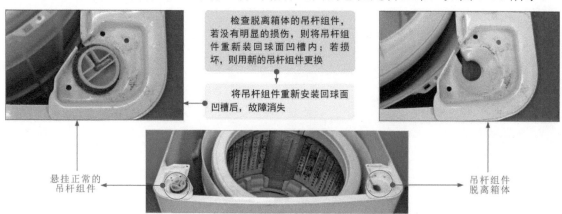

检查脱离箱体的吊杆组件，若没有明显的损伤，则将吊杆组件重新装回球面凹槽内；若损坏，则用新的吊杆组件更换

将吊杆组件重新安装回球面凹槽后，故障消失

悬挂正常的吊杆组件

吊杆组件脱离箱体

图 6-35　检查吊杆组件与箱体之间的悬挂状态

◆ 检查吊杆组件阻尼装置与洗衣桶之间的连接是否正常。

波轮洗衣机中吊杆组件另一端的阻尼装置是与洗衣桶进行关联的，若检查吊杆组件的挂头悬挂正常，但是晃动吊杆组件却感觉不到与洗衣桶之间的支撑状态，那么多是吊杆组件与洗衣桶的关联部分失常，如图 6-36 所示。

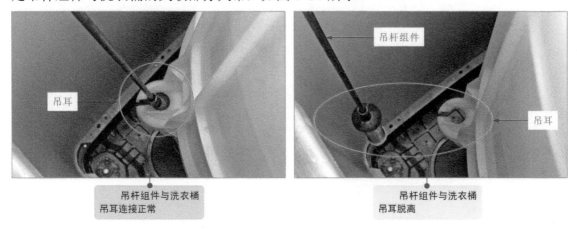

图 6-36　检查吊杆组件阻尼装置与洗衣桶之间的连接状态

若检查吊杆组件脱离洗衣桶的吊耳，且没有明显的损伤，则说明该吊杆组件是偶然性脱离了洗衣桶的吊耳，只需要重新安装即可。

若检查发现吊杆组件的阻尼筒损坏，则说明吊杆组件是故障性脱离了洗衣桶的吊耳。吊杆组件的阻尼筒同样是采用塑料制成的，长时间承重会使阻尼筒产生裂纹或严重损坏，导致洗衣桶在旋转过程中不平衡或产生严重的噪声，影响洗衣机的正常工作，此时需要将损坏的部件修复或更换，排除故障。

◆ 检查吊杆组件是否出现锈蚀。

吊杆组件在洗衣机中起到了支撑减震的作用，为了使其能够发挥最佳的工作性能，需要定期对吊杆组件进行维护，如检查吊杆组件及关联部件是否锈蚀等，出现锈蚀应及时涂抹润滑油，如图 6-37 所示。

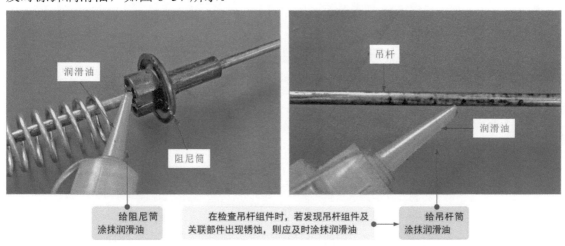

图 6-37　吊杆组件的维护

洗衣机控制电路板是整机的控制核心。若异常，将导致洗衣机各种控制功能失常。怀疑控制电路板异常时，可用万用表对电路板上的主要元器件进行检测，如微处理器、晶体、变压器、整流二极管、双向晶闸管、操作按键、指示灯、稳压器件等。

下面以较易损坏的双向晶闸管为例进行介绍。

双向晶闸管是洗衣机中各功能部件供电线路中的电子开关，当双向晶闸管在微处理器的控制下导通时，功能部件得电工作；当双向晶闸管截止时，功能部件失电停止工作。若双向晶闸管损坏，将导致相应的功能部件无法得电，进而引起洗衣机的相应功能失常或不动作。

一般可用万用表检测双向晶闸管引脚间阻值的方法判断好坏，如图 6-38 所示。

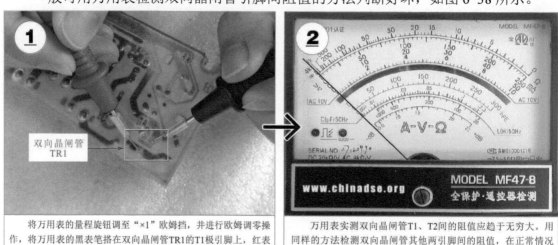

1 将万用表的量程旋钮调至"×1"欧姆挡，并进行欧姆调零操作，将万用表的黑表笔搭在双向晶闸管 TR1 的 T1 极引脚上，红表笔搭在双向晶闸管 TR1 的 T2 极引脚上。

2 万用表实测双向晶闸管 T1、T2 间的阻值应趋于无穷大。用同样的方法检测双向晶闸管其他两引脚间的阻值，在正常情况下，应均为阻值过小的情况，否则说明晶闸管被击穿短路

双向晶闸管 TR1 的实物外形

第二电极 T2

控制极 G

第一电极 T1

双向晶闸管 TR1 的电路图形符号

图 6-38　洗衣机控制电路板中双向晶闸管的检测方法

 由于洗衣机控制电路部分有防水需求，大部分洗衣机的控制电路板都用防水胶进行封闭，因此检测控制电路时，通常无法直接对控制电路板上的元器件进行检测，只能通过对连接接口的检测判断相关部件是否正常。

通常，若连接接口部分输出信号正常，而受控部件（如排水组件、进水电磁阀、电动机、离合器、状态指示灯）无法正常工作，则多为受控部件损坏。

若连接接口部分输出信号异常，而输入端信号或工作条件均正常，则多为控制电路内部异常，可更换整个控制电路板。

若输入信号或工作条件异常，则应检查给洗衣机电路送入信号的部件（如安全门开关、水位开关、操作按键等）和供电电路部分。

第7章 电热水器的结构原理与检修技能

7.1 电热水器的结构原理

7.1.1 电热水器的种类特点和结构组成

电热水器是一种采用电加热的方式为家庭提供热水的器具，主要用于洗浴或厨房用热水。

图 7-1 为常见家用电热水器的实物外形。

图 7-1 常见家用电热水器的实物外形

1 电热水器的种类特点

目前，常见的家用电热水器主要有两种：一种是储水式电热水器；另一种是即热式电热水器。

（1）储水式电热水器

储水式电热水器是目前比较流行的一类电热水器。它的主要特点是具有一个容量比较大的储水罐，如图 7-2 所示。储水罐内的水由电热器加热，由温控器实现加热控制和保温，只要检测到水温达不到设定温度时，便开始启动加热，水温上升到设定温度后，开始保温，热水随时可用。

（2）即热式电热水器

即热式电热水器没有储水罐，水流过加热器立即被加热，即开即用。其优点是体积比较小，如图 7-3 所示，电路功能框图如图 7-4 所示。由图可见，冷水进入电磁线圈后立即被加热，然后流出，这就需要水流传感器检测水流，有水流过则加热器启动，无水流过即停止加热，防止过烧。

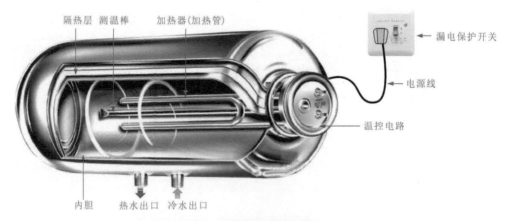

隔热层 测温棒 加热器(加热管)

漏电保护开关

电源线

温控电路

内胆 热水出口 冷水出口

图 7-2 储水式电热水器

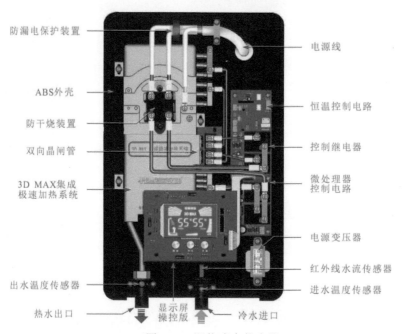

防漏电保护装置

电源线

ABS外壳

恒温控制电路

防干烧装置

控制继电器

双向晶闸管

微处理器
控制电路

3D MAX集成
极速加热系统

电源变压器

红外线水流传感器

出水温度传感器

进水温度传感器

热水出口 显示屏 冷水进口
操控版

图 7-3 即热式电热水器

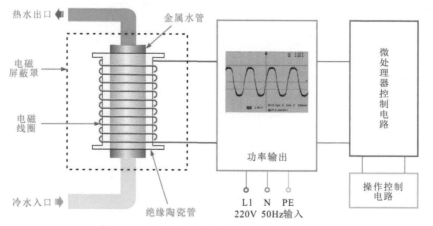

热水出口 金属水管

微处理器控制电路

电磁屏蔽罩

电磁线圈

功率输出

冷水入口 绝缘陶瓷管

L1 N PE
220V 50Hz输入

操作控制
电路

图 7-4 即热式电热水器的电路功能框图

以储水式电热水器为例，电热水器的基本结构如图 7-5 所示。

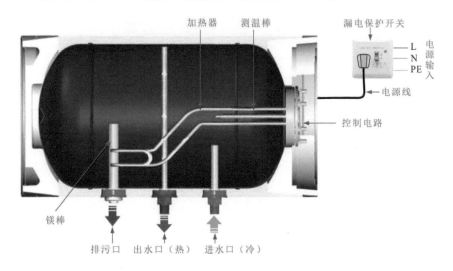

图 7-5　电热水器的基本结构（单加热器）

电热水器可设定温度，启动后会自动加热，到达设定温度后，会停止加热并进行保温。有些电热水器还具有预约定时加热功能，因而还具有定时时间设定功能。电热水器的安全性是很重要的，因而普便都具有漏电保护功能。

为了使用方便，很多厂商开发了具有半罐速热功能的电热水器，在储水罐中设有二至三个加热器，通过对加热器的控制，低功率加热器只能洗手、洗脸用热水；两个加热器加热可只对半罐水加热，这样就可以实现速热功能，在用水量较少的情况下，可以节省能源；需要水量较多时再使用整罐加热。

图 7-6、图 7-7 分别为二加热器和三加热器方式电热水器的结构。

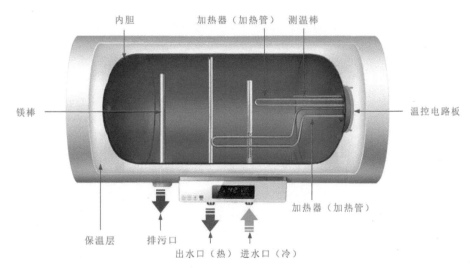

图 7-6　二加热器方式电热水器的结构

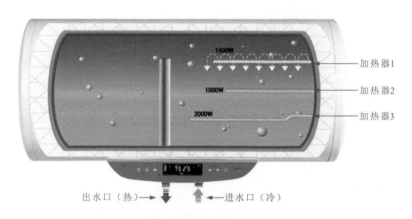

图 7-7　三加热器方式电热水器的结构

电热水器的安装效果如图 7-8 所示。

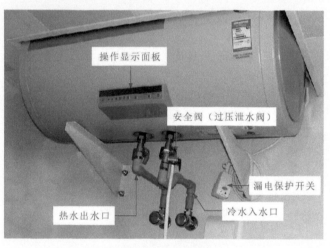

图 7-8　电热水器的安装效果

（1）进水管和出水管

冷水进入储水罐通过一个安全单向阀（只能进水不能出水），进水口靠近储水罐的底部，进水口上方有一挡板，或者采用进水管上部封堵，下部打多个小孔的方式，使进入的水存入储水罐的底部，防止进入的冷水冲到出水口影响水温。出水口位于储水罐体的上部，从出水口流出的水总是热的。有水流入才能有水流出，从而保持一定的水压。如果关闭进水阀，则出水管也不会有水流出。

（2）温控器

温控器是利用液体热胀冷缩的原理制成的。温控器将特殊的液体密封在探管中，并将探管插入到储水罐中。图 7-9 为温控器的实物外形，是由温度检测探头和温控开关组成的。当储水罐中的水温到达设定温度时，温控器内的触点被膨胀的液体推动，使电路断开，停止加热。调节温控旋钮可调节触点断开的位移量。位移量与检测的温度成正比。当温度下降后，触点又恢复导通状态，加热管又重新加热。

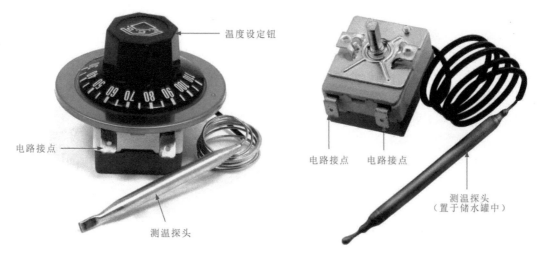

温度设定钮

电路接点

测温探头

电路接点　电路接点

测温探头
（置于储水罐中）

图 7-9　温控器的实物外形

（3）超温保护器

超温保护器是利用金属片受热变形而制作的器件。当温控器功能失常、储水罐内的水温上升到 88℃～91℃时，金属片受热变形，断开两极，实现超温保护。

（4）镁棒

在电热水器的储水罐内都设有超重镁棒，用于对储水罐内胆进行保护，防止水对内胆腐蚀。这是利用牺牲阳极的原理，利用比较活跃的金属（如镁）跟钢铁（内胆材料）连在一起，活跃的金属被腐蚀，钢铁可免遭腐蚀。

（5）安全阀

安全阀多设冷水入口，用于检测储水罐的水压。如果水压过高，则安全阀就会自动打开，泄放储水罐内的水，减小水压；如果水压在正常范围内，则安全阀会关闭，因而安全阀又称溢水阀。有些电热水器未设此阀。

（6）排污口

排污口设在电热水器的底部，在维护和清洁储水罐的内胆时，可拧开排污口的盖，将储水罐内的污水排出。如无此口，则只能将热水器拆下来进行排污。

（7）加热器（或称加热管）

加热器是将电阻丝封装在金属管（钢制、铜制或铸铝材料）、玻璃管或陶瓷管中制成的，如图 7-10 所示。

有些电热水器只有一根加热器，有些有两根，有些还会有三根。具有多个加热器时，可根据不同需要进行半罐加热和整罐加热。

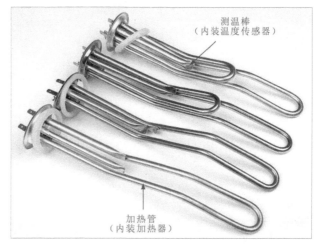

测温棒
（内装温度传感器）

加热管
（内装加热器）

图 7-10　电热水器中加热管的实物外形

（8）温控电路

温控电路具有温度设定、温度检测和恒温控制功能，同时还具有温度显示功能及定时功能。有些电热水器采用微处理器芯片进行控制，有些则采用温控电路进行控制。

在采用微处理器芯片的控制电路中，由于微处理器芯片的型号不同，具体的控制电路也有很大差别。

◆ 温控器控制电路

采用温控器控制电路的方式比较简单，如图 7-11 所示，电源经漏电保护开关后，分别经过熔断器和温控器为电加热器（EH）供电，当温度达到设定的温度时，自动切断电源，停止加热，当温度低于设定值时，接通电源开始加热。温控器的动作温度可由人工调整。

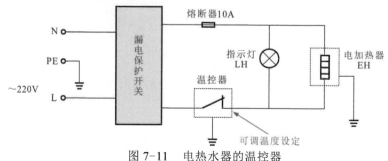

图 7-11　电热水器的温控器

◆ 微处理器控制电路

图 7-12 是微处理器控制电路，定时开/关机和温度都可人工设定。微处理器通过继电器对加热器进行控制，通过对储水罐内水的温度检测进行控制和温度检测。

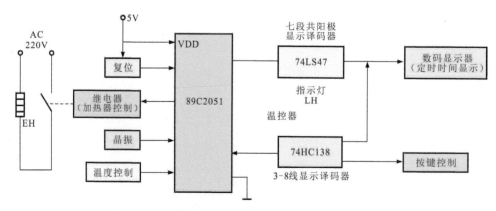

图 7-12　微处理器控制电路

◆ 三个加热器的控制方式

图 7-13 是采用三个加热器的控制方式。将三个加热器串接起来，并设两个继电器控制触点。当两个继电器 K1、K2 都不动作时，三个加热器构成串联关系，电阻为三个加热器之和，流过加热器的电流变小，发热量也最小，只能用于洗手、洗脸。当继电器 K2 动作时，K2-1 触点接通，中、下加热器被短路，只有上加热器加热（1000W），对上半罐加热。当加热器 K1 动作时，K1-1 将上、中发射器短路，只有下发热器工作（1500W）对整罐进行加热。

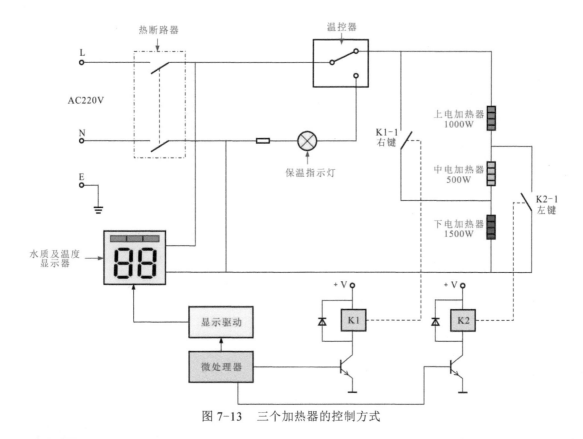

图 7-13　三个加热器的控制方式

　电热水器的工作原理

以储水式电热水器为例。储水式电热水器储满水后通电，电源（AC220V）经控制电路为加热器供电，加热器对储水罐内的水进行加热。当加热温度大于设定温度时，温控电路切断电源供电，进入保温状态，可以用水洗浴；当水温下降，低于设定温度时，温控电路再次接通电源进行供电，可实现自动温度控制，始终有热水可用。

下面以几种典型电热水器控制电路为例，了解电热水器的工作过程。

1　　**海尔 FCD-JTHC50 型电热水器的工作过程**

海尔 FCD-JTHC50 型电热水器的整机电路如图 7-14 所示。该电路主要是由电源电路、水位检测电路、温度控制电路和显示电路等部分构成的。

（1）电源电路

交流 220V 电源经继电器触点 K1-1、K1-2 为加热器供电。加热器受继电器的控制，继电器得电，触点闭合，加热器工作；继电器断电，则加热器停止工作。

交流 220V 电源同时经降压变压器 T1 变成交流 14V 低压，再经桥式整流堆电路输出约 +18V 的脉动直流电压，经 C1 滤波后，为 IC1 和继电器供电。

+18 V 电压经 R2 和 VD6（9.7V）稳压后为温度控制电路和显示驱动电路供电。

（2）水位检测电路

水位检测探针设在储水罐中，每 1/6 的位置设置一个探针，每个探针接在六反相器

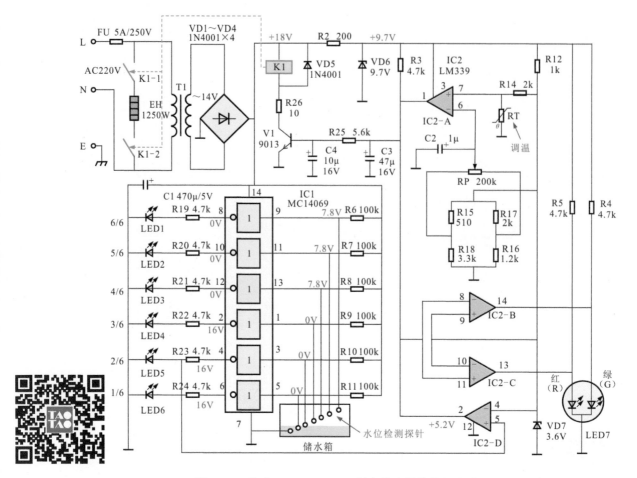

图 7-14　海尔 FCD-JTHC50 型电热水器的整机电路

的各自输入端，并经上拉电阻接电源，反相器的输出接发光二极管。当储水罐内的水淹没探针时，该探针便通过水与地相连，使相应的反相器输入端电压为 0V，经反相器反相后输出高电平（约为 16V），经限流电阻后与发光二极管相连，该发光二极管发光，可指示水位。

（3）加热器控制电路

加热器的控制继电器 K1 是由三极管 V1 控制的，接在三极管集电极电路中。三极管 V1 导通，则继电器 K1 线圈得电，触点动作；三极管 V1 截止，继电器 K1 失电，停止工作。

三极管 V1 是受 IC2-A、IC2-D 两个电压比较器控制的。其中，IC2-A 是受温度传感器 RT 控制的。RT 是负温度系数的热敏电阻器，环境温度降低，RT 阻值变大；环境温度升高，RT 阻值变小。

RT 接在 IC2-A 同相输入端。IC2-A 的反相输入端是由分压电路构成的基准电压输入端（其电压值通过 RP 可调）。当水温低于设定值时，RT 的阻值比较大，其上的电压也比较高，高于 6 脚的电压，因而 IC2-A 的输出端 1 脚输出高电平，使三极管 V1 导通。

三极管 V1 还同时受 IC2-D 的控制。IC2-D 是受水位开关控制的。当储水罐内的水高于 2/6 时，IC2-D 的 5 脚为高电平（16V），4 脚接稳压管 VD7 的正极（3.6V），

5 脚高于 4 脚电压则输出高电平（5.2V），同时 IC2-A 也输出高电平，则三极管 V1 导通，继电器 K1 线圈得电，触点 K1-1、K1-2 接通电源，加热器开始工作。

如果储水罐内的水很少或没水，IC1 的 4 脚为低电平，则 IC2-D 的 5 脚为低电平，使 IC2-D 的输出为低电平，V1 的基极被锁定为低电平，不能导通。即使温度较低也不能使 V1 导通，这是防干烧功能，防止在无水的情况下为加热器供电。

（4）显示驱动电路

显示驱动电路就是工作状态的指示电路。当处于加热状态时，IC2-A 和 IC2-D 的输出均为高电平（5.2V），该电压加到 IC2-B 和 IC2-C 的 8 脚和 11 脚，IC2-C 的输出端 13 脚为高电平，红（R）色发光二极管点亮。

当加热器加热到达设定温度时，IC2-A 的输出端变为低电平，加热器停止加热状态，IC2-B 和 IC2-C 的 8 脚和 11 脚为低电平，9 脚和 10 脚为 3.6V 电压时，IC2-B 的 14 脚输出高电平，13 脚输出低电平，使绿（G）色指示灯点亮，红色指示灯熄灭，处于保温状态。

▌2 采用单片机（AT89C2051）的电热水器控制电路

图 7-15 是采用单片机的电热水器控制电路，采用 AT89C2051 微处理器芯片作为控制核心。AT8PC2051 的引脚排列和内部功能框图如图 7-16 和图 7-17 所示。

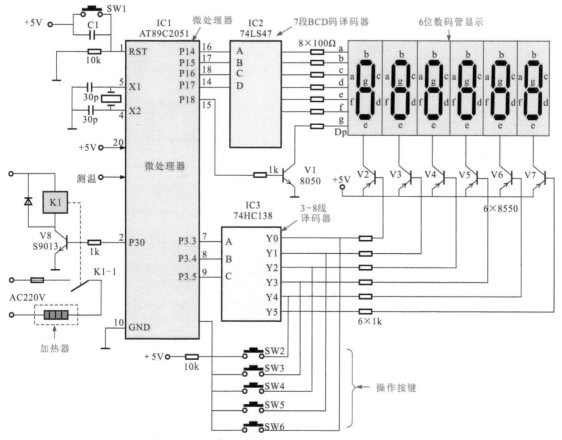

图 7-15　采用 AT89C2051 的电热水器控制电路

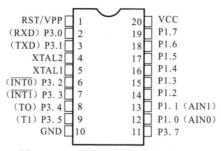

图 7-16 AT89C2051 芯片的引脚排列

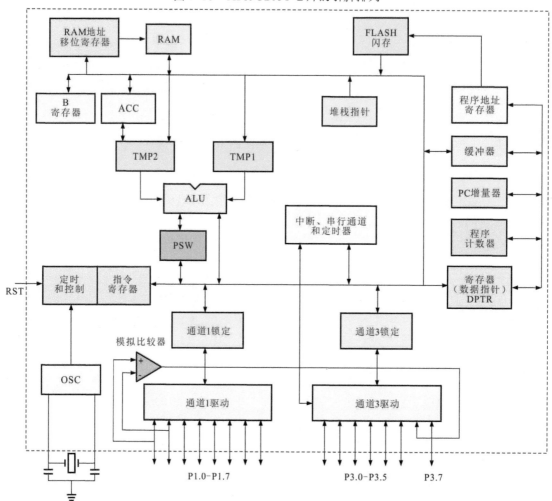

图 7-17 AT89C2051 芯片的内部功能框图

（1）微处理器控制电路

整个电热水器都是由微处理器（CPU）控制的，根据图 7-15 可知，微处理器芯片的 20 脚为电源供电端，10 脚为接地端。电源启动时，+5V 电压经电容器 C1 为 1 脚提供复位信号，使 CPU 复位，开始处于工作状态。在工作状态，如果操作 SW1 开关，也可使 CPU 复位。另外，微处理器的 4 脚、5 脚外接石英晶体，与芯片内的振荡电路组成时钟振荡器，为整个芯片提供时钟信号，微处理器进入待机准备状态。

（2）操作电路

操作电路设在微处理器 11 脚与 IC3（74HC138）的输出电路之间。IC3（74HC138）是一种 3-8 线译码器，功能框图如图 7-18 所示，输入信号三路送到 1、2、3 脚，经译码器后输出 8 路信号（Y0～Y7）。取其 6 路去控制显示数码管的驱动三极管显示控制，并由 Y0～Y4 经过操作开关 SW2～SW6 回到 CPU 的 11 脚。这些开关作为操作按键为 CPU 输入人工指令（进行定时控制和现在时间的校正）。本电路中 IC3 的 4、5、6 脚不用。

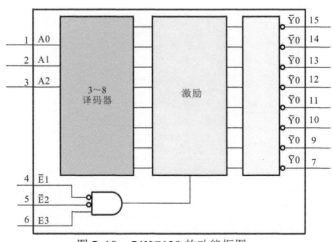

图 7-18 74HC138 的功能框图

（3）数码管显示电路

本机采用 6 位数码管显示方式，每个数码管为 7 段共阳极显示器，因而采用 IC2（74LS47）（7 段 BCD 码译码器）进行驱动。CPU 的 P14～P17 端口输出的 4 位显示信号经 IC2（74LS47）译码后变成 7 段驱动信号（a～g）分别驱动 6 个数码管。LED 数码管显示采用动态扫描方式，即在某一时刻只有一个数码管被点亮。数码管的位选信号由 CPU 的 P3.3～P3.5 口输出，经 74HC138 译码后再经 6 个三极管（8550）去驱动数码管。

图 7-19 是 74LS47 芯片引脚及显示字符的关系图。输出为低电平有效，即输出为 0 时，对应字段点亮，输出为 1 时，对应字段熄灭。A0～A3 接收 4 位二进制码，输出 a～g 分别对应所显示的笔画"段"。

（4）加热管驱动电路

预置时间到，则 CPU 的 2 脚输出加热管控制信号，使三极管 V8 导通，继电器 K1 得电，K1-1 接通，加热管得电开始加热。加热后，不断检测水温，当水温到达预定温度时，2 脚输出低电平，停止加热，处于保温状态。

（5）工作过程

交流 220V 电源经降压变压器、桥式整流电路及稳压电路形成稳定的 +5V 电压 CPU 供电，同时经复位电路为 CPU 提供复位信号，CPU 处于准备状态。

用户可通过键钮设定开关机时间，到达时间后，CPU 输出继电器控制信号，继电器得电，加热器开始加热，到关机时间，输出继电器停止控制信号，继电器断电，加热器停止加热。

149

七段显示器

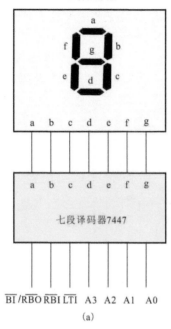

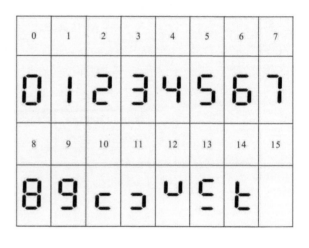

(a)   (b)

图 7-19　74LS47 芯片引脚及显示字符的关系图

▌ 3　采用 Z86E0208PSC 微处理器芯片的电热水器控制电路

图 7-20 是采用 Z86E0208PSC 微处理器芯片的电热水器控制电路。该电路的温度检测、温度显示和报警提示控制都是由微处理器 Z86E0208PSC 芯片进行控制的。热电偶接在 CPU 芯片的 8 脚，用于检测储水罐内的温度。CPU 的 P20 ～ P26 输出 7 段数码管显示信号，分别加到两个数码管的 a ～ g 端，P00、P01 的输出信号加到数码管位选信号驱动三极管 V2、V3 的基极，通过 V2、V3 为数码管提供阳极驱动信号，用以显示温度值。

交流 220V 电源经漏电保护器为热水器提供电源，经温控器 K 为加热器供电，K1、K2 可选择单加热器或双加热器工作。温控器的温度是可调的。在到达设定温度之前，开关是接通的，在到达设定温度后开关断开，停止加热，开始保温。在供电电路中还设有超温保护器，如果温控器功能失常，会使加热器继续加热，如果温度上升至 88℃以上，则 FR 超高温保护器断路进行保护，有防干烧保护效果。

微处理器控制芯片的引脚排列如图 7-21 所示，引脚功能见表 7-1，内部功能框图如图 7-22 所示。

微处理器控制电路的直流电源（参见图 7-20）由交流 220V 电源经降压变压器 T 降低为交流低压，再经桥式整流电路变成脉动 10V 直流电压，经 R1（10Ω）限流后为蜂鸣器供电。蜂鸣器受三极管 V4 驱动，CPU 的 4 脚输出 1000Hz 脉冲信号，经 V4 放大后驱动蜂鸣器，为用户提供提示信号。

+10V 直流电压经三端稳压器 IC1（7805）输出 +5V 稳定电压，经 C3、C5 滤波后为微处理器 5 脚供电，同时为 V3、V2 三极管射极供电。

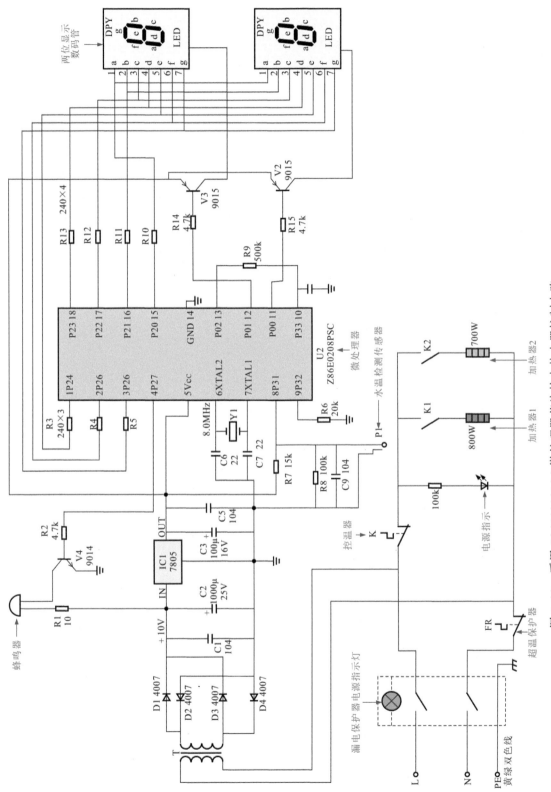

图 7-20 采用 Z86E0208PSC 微处理器芯片的电热水器控制电路

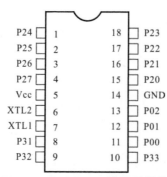

图 7-21 Z86E0208PSC 微处理器芯片的引脚排列

表 7-1 微处理器控制芯片 Z86E0208PSC 的引脚功能

引脚号	名称	功能	输入/输出方向	引脚号	名称	功能	输入/输出方向
1～4	P24～P27	通道2	I/O	9	P32	通道3	I
5	VCC	电源		10	P33	通道3	I
6	XTAL2	晶体振荡	O	11～13	P00～P02	通道0	I/O
7	XTAL1	晶体振荡	I	14	GND	地	
8	P31	通道3	I	15～18	P20～P23	通道2	I/O

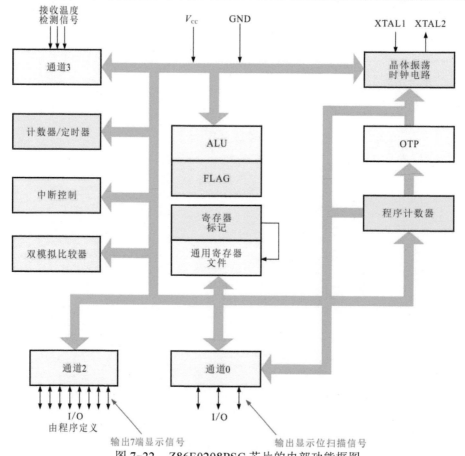

图 7-22 Z86E0208PSC 芯片的内部功能框图

图 7-23 是海尔 FCD—H65B 型电热水器整机及漏电保护电路。该电热水器先经漏电检测和保护电路后再为加热器供电。

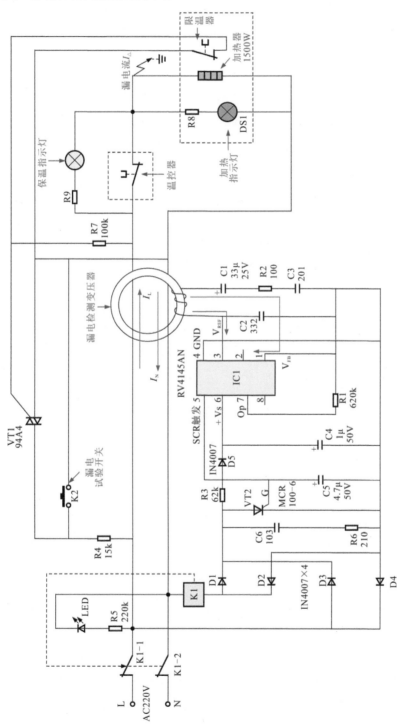

图 7-23 海尔 FCD—H65B 型电热水器整机及漏电保护电路

（1）工作过程

当无漏电情况时，继电器 K1 不动作，触点 K1-1、K1-2 闭合，电源经温控器为加热器供电，同时加热指示灯亮，指示加热器的工作状态。若电热水器储水罐内的温度到达设定温度值时，温控器断路，电流经保温指示灯与加热管串联。由于电路中串接的限流电阻 R9 的值较大，因而电流很小，可维持保温状态，同时保温指示灯亮。

当电热水器储水罐内的水温下降后，温控器再次接通电源，继续为储水罐内的水加热。

（2）漏电检测及保护

图 7-23 中，在为加热器供电的电路中，交流相线 L、零线 N 均通过漏电检测变压器的磁环，当无电流泄漏时，I_L 和 I_N 的电流相等，线圈中无电流输出，电路处于监测状态。

如果电热水器中发生漏电情况，则线路中火线通过绝缘层向地线漏电或通过水及人体漏电，电流为 I_Δ，若该电流大于 30mA，则流过磁环两条线的电流就会产生电流差，即 $I_L+I_\Delta > I_N$，漏电检测磁环的线圈就会有感应电流输出，送入 IC1（RV4145AN）的 1 脚和 3 脚之间。RV4145AN 是晶闸管触发信号产生电路，收到电流检测信号后，由 5 脚输出晶闸管触发信号，加到晶闸管 VT2 的栅极（G），VT2 导通，继电器 K1 得电，于是 K1-1、K1-2 常闭触点断开，切断热水器的供电进行保护，防止触电事故的发生。

超温保护（或称防干烧保护）是由限温器和 VT1 构成的。如果温控器工作失常，或电热水器中的水量过少时，加热器仍在加热工作，此时限温器会断开，使晶闸管 VT1 导通，从而引发流过漏电检测磁环的两线电流不平衡，使 VT2 导通，继电器动作，断开主电源进行保护。

RV4145AN 芯片的引脚功能如图 7-24 所示，内部功能框图如图 7-25 所示。漏电检测信号加到 3 脚和 1 脚之间，当信号达到一定的幅值时，5 脚输出触发信号。

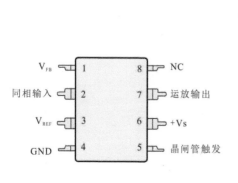

图 7-24　RV4145AN 芯片的引脚功能

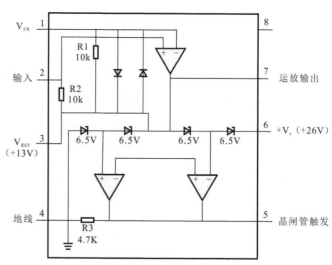

图 7-25　RV4145AN 芯片的内部功能框图

RV4145AN 芯片可应用在任何需要进行漏电保护的交流供电电路中，如图 7-26 所示。

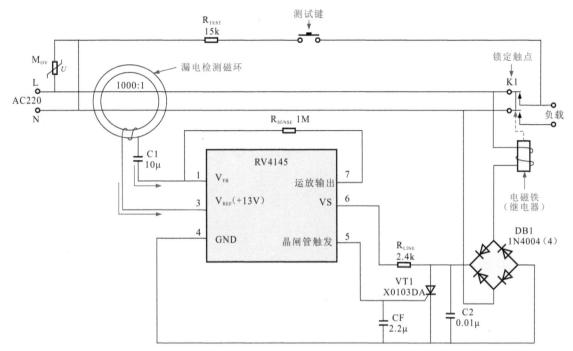

图 7-26　由 RV4145AN 组成的漏电保护电路

交流供电线路的相线（L）和零线（N）都穿过漏电检测磁环为负载供电。若无漏电，则穿过磁环两条线的电流方向相反，大小相等，所产生的磁通也是大小相等，方向相反，互相抵消，漏电检测电路不动作。

若负载电路中发生漏电，则两线的电流就会发生不平衡，磁环线圈中就会有感应电流产生，该电流加到 RV4145AN 芯片的 1 脚和 3 脚之间，5 脚会有触发信号输出，使晶闸管 VT1 导通，于是继电器线圈有电流，使触点动作进行保护。

▌5　乐林 YXD25—15 型电热水器控制电路

图 7-27 是乐林 YXD25—15 型电热水器控制电路。该电路是由电源供电电路、加热器控制电路、防干烧电路和蜂鸣器提示电路等部分构成的。

（1）电源供电电路

交流 220V 电源经熔断器 FU 和电源开关 K2 为加热器和直流电源供电。一路经继电器触点 K1-1、K1-2 为加热器供电，继电器 K1 动作，K1-1、K1-2 接通，加热器工作；K1 断电，加热器停止工作。

同时，交流 220V 电源经变压器 T 降压后输出两组交流 14V 电压，经全波整流电路（VD1、VD2）输出 12V 电压，为继电器 K1 电路供电。+12V 再经电阻 R15 限流和 C1、C2 滤波，VD4 稳压后输出 8.2V 稳定电压，为加热控制电路和防干烧电路供电。

（2）加热器控制电路

电源输出的 8.2V 直流电压经三个串联电阻构成的分压电路后为三个电压比较器提供电压比较信号。

由 R1、R2 分压电路形成的分压值为 1/2 电源电压（4.1V），分别送到 IC1B 的 5

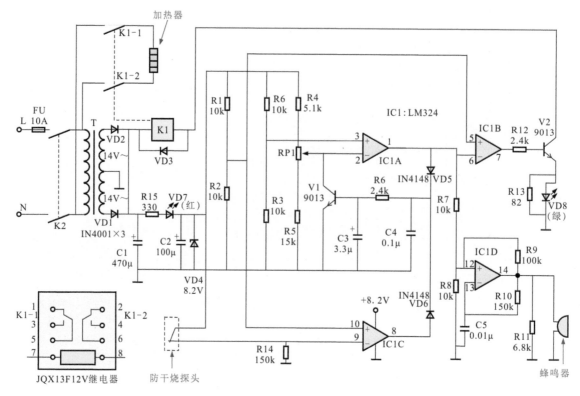

图 7-27　乐林 YXD25—15 型电热水器控制电路

脚和 IC1C 的 10 脚。R6、R3 的分压值（4.1V）送到 IC1A 的 3 脚。R4、RP1 和 R5 组成分压电路，从 RP1 的抽头取比较电压加到 IC1A 的 2 脚。此时，2 脚的电压大于 3 脚的电压，因而 IC1A 的 1 脚输出低电平，该电压加到 IC1B 的 6 脚和 IC1D 的 12 脚。此时，IC1B 的 5 脚电压大于 6 脚的电压，因而 7 脚输出高电平，使三极管 V2 导通，继电器 K1 得电，K1-1、K1-2 接通，加热器得电开始工作，同时 V2 发射极所接的发光二极管 VD8 有电流而发光，指示加热状态。

（3）防干烧保护电路

若电热水器储水罐内出现过热的情况，则防干烧探头内的开关会断开，使 IC1C 比较器的 10 脚电压大于 9 脚电压（9 脚为低电平），于是 IC1C 的 8 脚输出高电平，使 VD6 导通，并使三极管 V1 的基极为高电平，V1 导通，将 IC1A 的 2 脚短接到地，使 IC1A 的 1 脚输出高电平，加到 IC1B 的 6 脚，使 6 脚电压高于 5 脚，IC1B 的 7 脚输出低电平，V2 截止，继电器 K1 失电，触点 K1-1、K1-2 断开，加热器停止加热进行保护。

（4）蜂鸣器驱动电路

蜂鸣器驱动电路是由 IC1D 和蜂鸣器构成的。当 IC1A 的 1 脚输出高电平时，经 R7、R8 分压后，将分压值加到 IC1D 的 12 脚，12 脚电压高于 13 脚电压，IC1D 的 14 脚输出高电平，经 R10 为 C5 充电，使 C5 上的电压上升，当 C5 上的电压上升至大于 12 脚电压时，IC1D 的 14 脚又输出低电平，使 C5 上的电压经 R10 放电，又使 13 脚的电压降低，如此循环，IC1D 形成锯齿波振荡，蜂鸣器发出振荡鸣声，提示用户温度过高应采取措施。

7.2.1 电热水器在使用过程中突然断电并使供电配电箱的开关跳闸

故障分析：电热水器在使用过程中突然断电并使供电配电箱的开关跳闸的原因可能是机内出现短路故障，应断电检查电路。

故障检修：打开电热水器的侧面，发现连接电热水器 A、B 两端供电导线之间因靠得太近发生短路击穿情况，电热水器一端引线接口出现烧黑情况。更换加热器及其引线，重新开机，故障被排除。

图 7-28 为电热水器的接线图。

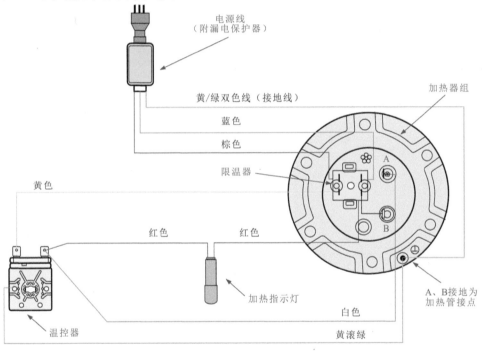

图 7-28 电热水器的接线图

7.2.2 电热水器开机后不加热

故障分析：电热水器开机后不加热，应检查温控器和加热器及电源插件。

故障检修：检查电源插件正常、加热器正常，怀疑温控器不良。温控器在常温下（20℃）是接通的，经检查，温控器在常温下不通，按相同的规格更换温控器后，故障被排除。

7.2.3 电热水器开机不加热，显示正常

故障分析：电热水器开机不加热，一般应先检查主电源供电（AC 220V）是否正常。若主电源供电正常，则应检查温控器（有些机器采用继电器控制还应检查继电器及其

驱动电路），再查加热器，更换不良器件。

　　故障检修：打开电热水器储水罐的侧盖，分别对供电温控器或继电器等进行检测，正常，再对加热器进行检测。

　　检测加热器两端之间的阻值即可判断是否正常，如图 7-29 所示，经查，两端阻值为无穷大，表明加热器已被烧断。在正常情况下应为 50 ～ 100Ω。

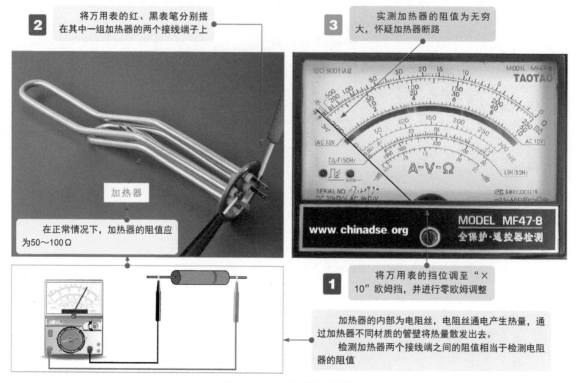

2 将万用表的红、黑表笔分别搭在其中一组加热器的两个接线端子上

加热器

在正常情况下，加热器的阻值应为50～100Ω

3 实测加热器的阻值为无穷大，怀疑加热器断路

1 将万用表的挡位调至"×10"欧姆挡，并进行零欧姆调整

加热器的内部为电阻丝，电阻丝通电产生热量，通过加热器不同材质的管壁将热量散发出去。
检测加热器两个接线端之间的阻值相当于检测电阻器的阻值

图 7-29　加热器的检测

　　取下怀疑损坏的加热器，并更换同规格的新加热器后，如图 7-30 所示，故障被排除。更换加热器时应注意安装尺寸，且安装必须牢固可靠，否则会有漏水问题。

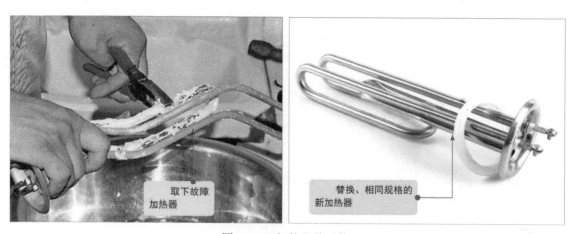

取下故障加热器

替换、相同规格的新加热器

图 7-30　加热器的更换

第8章 组合音响的结构原理与检修技能

8.1 组合音响的结构原理

8.1.1 组合音响的结构组成

组合音响是集各种音响设备于一体或将多种音响设备组合后的多声道环绕立体声放音系统，一般具有收、录、放、唱功能，由于很多的组合音响都兼容音像功能，用DVD机代替CD机，不仅能播放音频信号，还能播放视频信号。

图8-1为组合音响的结构示意图。

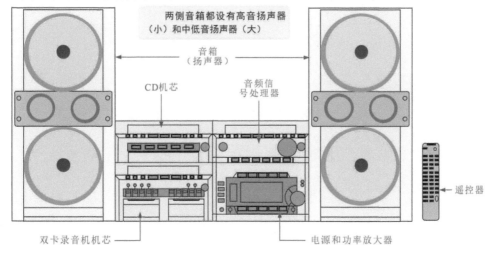

图 8-1 组合音响的结构示意图

可以看到，组合音响通常由几个相对比较独立的小音响单元组成，主要有收音机部分、CD部分、MD播放器（迷你播放器），有些还包含DVD、音箱等。

图8-2为典型组合音响的外形结构。

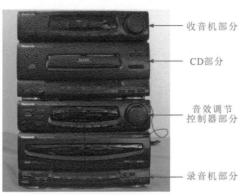

图 8-2 典型组合音响的外形结构

从外部可以看到，该组合音响主要由收音机部分、CD 部分、录音机部分和音效调节控制器部分组成。其中，收音机和 CD 部分是音频信号源，主要用来接收无线电广播节目和播放光盘中的音频信息；录音机主要用来播放磁带中的音频信息。组合音响的背部为各种接口，可实现各功能设备之间的连接。

典型组合音响的内部结构如图 8-3 所示。

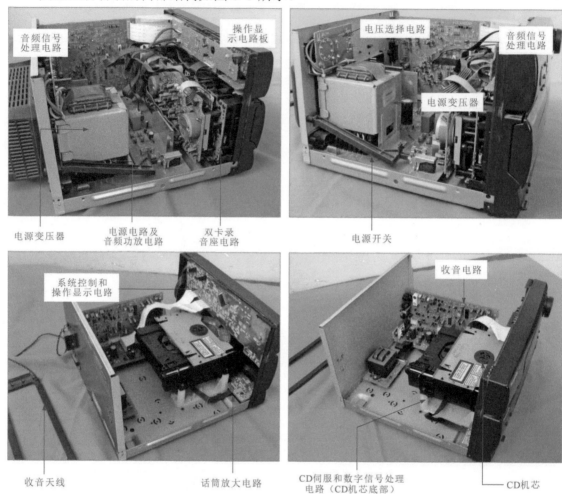

图 8-3　典型组合音响的内部结构

　组合音响实际上就是由多种影音产品组合而成的设备，主要由几种小型影音产品的独立单元及公共电路部分（电源部分、控制部分、功率放大器）等组合而成。

组合音响的内部主要包括系统控制和操作显示电路、收音电路、CD 伺服和数字信号处理电路、音频信号处理电路、音频功放电路和电源电路等。

█ 1　系统控制和操作显示电路

系统控制和操作显示电路在数码组合音响产品中主要用于控制各部分电路的启动、切换、显示等工作状态，如图 8-4 所示。

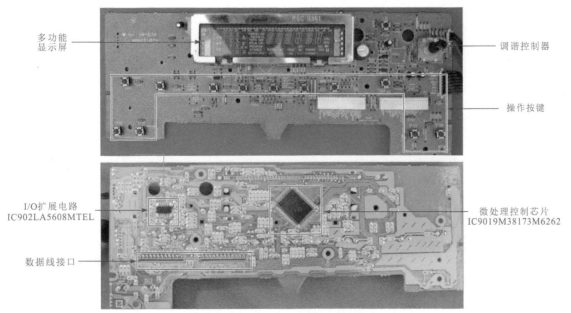

图 8-4　典型组合音响中系统控制和操作显示电路板

2　收音电路

在组合音响中，收音电路部分是接收广播电台节目的电路，图 8-5 为典型组合音响中的收音电路。

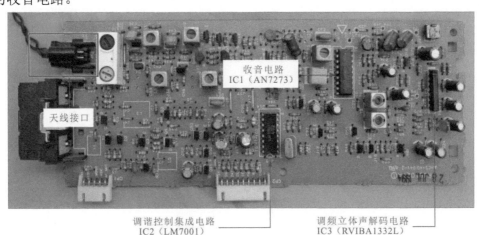

8-5　典型组合音响中的收音电路

3　CD 伺服和数字信号处理电路

CD 伺服和数字信号处理电路主要是用于处理 CD 部分的核心电路，通常包括伺服预放集成电路、数字信号处理电路和伺服驱动集成电路等部分，如图 8-6 所示。

CD 伺服主要用来驱动聚焦线圈、循迹线圈、主轴电动机和进给电动机；数字信号处理电路主要是对 RF 信号进行数字处理，对伺服误差信号进行数字伺服处理，同时对主轴伺服和进给伺服信号进行处理。

161

图 8-6　典型组合音响中 CD 伺服和数字信号处理电路

伺服预放集
成电路IC701

数字信号处理
集成电路IC702

伺服驱动集
成电路IC703

▌4　音频信号处理电路

在组合音响中，音频信号处理电路可对音频信号进行数字处理以达到满意的音响效果。其中，收音信号、CD 信号、录放音信号、话筒信号及由外部输入的音频信号都送到此电路中进行数字处理，如环绕声处理、图示均衡处理、音调调整、低音增强等，提高组合音响的音质效果。

图 8-7 为典型组合音响中的音频信号处理电路。

数据接口

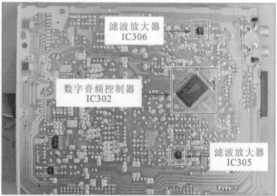
滤波放大器
IC306

数字音频控制器
IC302

滤波放大器
IC305

（a）音频信号处理电路板正面　　　　　　（b）音频信号处理电路板背面

图 8-7　典型组合音响中的音频信号处理电路

▌5　音频功放电路

在组合音响产品中，音频功放电路是其中的一个电路单元，主要用于将各音频信号源输出的音频信号进行功率放大，通常与电源电路板相连接。音频功放电路是大功率器件，通常安装在散热片上，如图 8-8 所示。

散热片

电源板

音频功放电路

图 8-8　典型组合音响中的音频功放电路

Ⅰ 6 **电源电路**

在组合音响中，电源电路多采用线性稳压电源电路结构，主要用于为整个组合音响的所有电路部分提供直流电压条件，如图 8-9 所示。

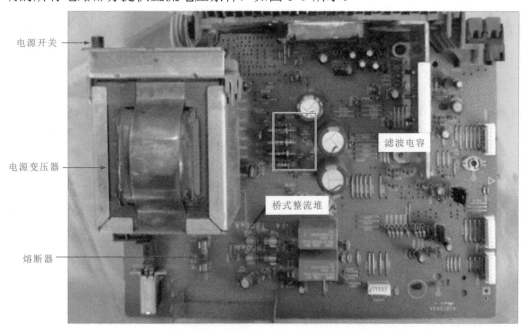

电源开关

电源变压器

熔断器

桥式整流堆

滤波电容

图 8-9　典型组合音响中的电源电路

8.1.2 组合音响的工作原理

图 8-10 为组合音响的整机功能框图。

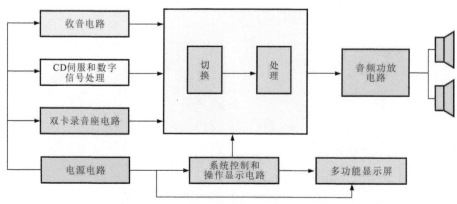

图 8-10　组合音响的整机功能框图

　　组合音响需要通过操作按键输入人工指令，并在输入信号选择电路的控制下，使系统控制和操作显示电路、收音电路、CD 伺服和数字信号处理电路、音频功放电路、音频信号处理电路、电源电路、双卡录音座电路等工作，完成各种信息处理，使组合音响正常工作。

　　简单来看，组合音响电路主要完成音频（或视频）信号的处理和输出，最终驱动扬声器发出声响，如图 8-11 所示。

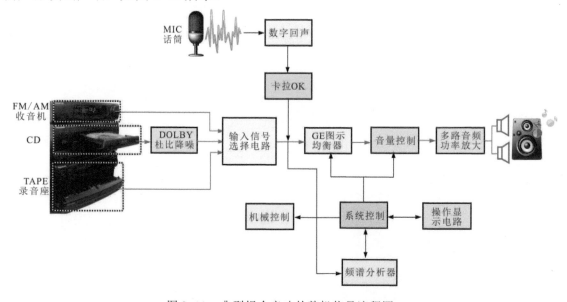

图 8-11　典型组合音响的整机信号流程图

　　不同类型组合音响的内部结构有所区别，最基本的工作原理大体是一致的，只是在一些具体电路上所采用的集成电路芯片型号和性能有所不同。

　　例如，图 11-12 为典型组合音响中的系统控制和操作显示电路的分析。系统控制电路是对 CD 和收音机等部分中的各个部件和电路进行控制的电路，如信号输入电路的选择控制、工作模式的选择和控制及音频信号的音量、音调、音响效果的控制等，与各部分有密切的关联。

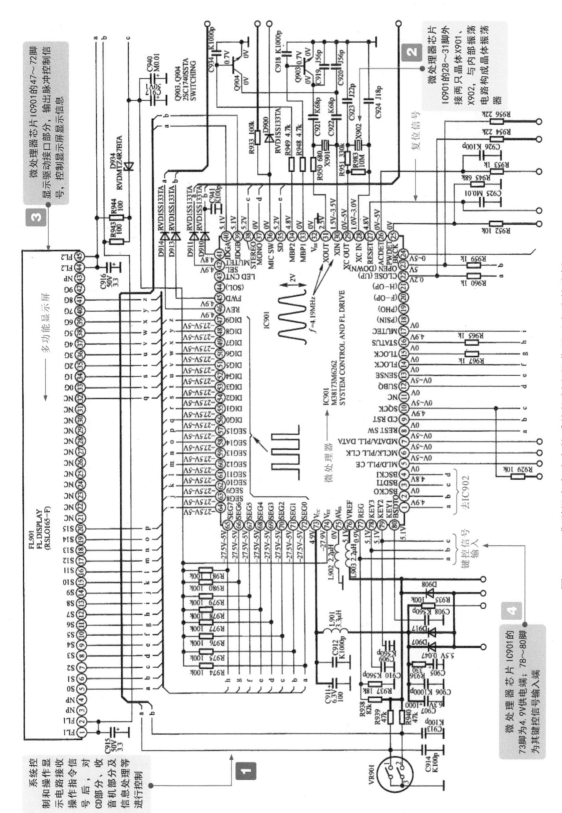

图 8-12　典型组合音响中的系统控制和操作显示电路的分析

图 8-13 典型组合音响中的 CD 伺服预放电路。

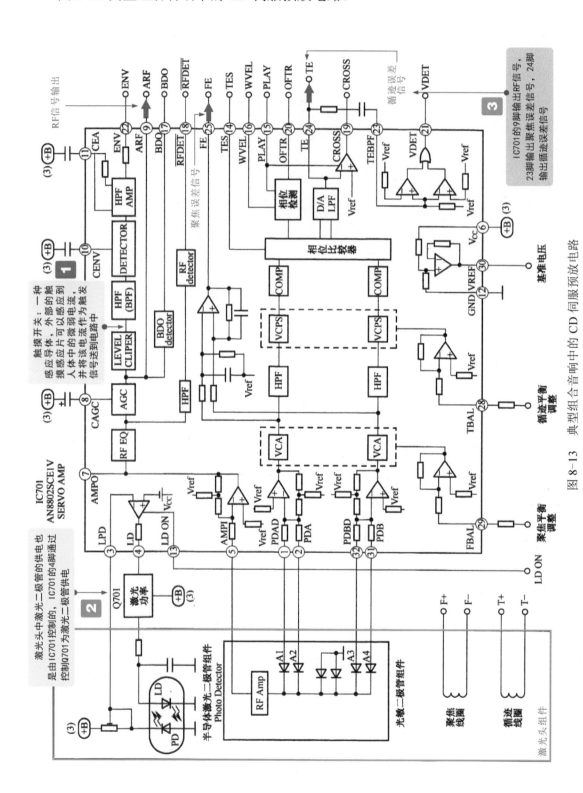

图 8-13 典型组合音响中的 CD 伺服预放电路

图 8-14 为典型组合音响中的 CD 数字信号处理电路。

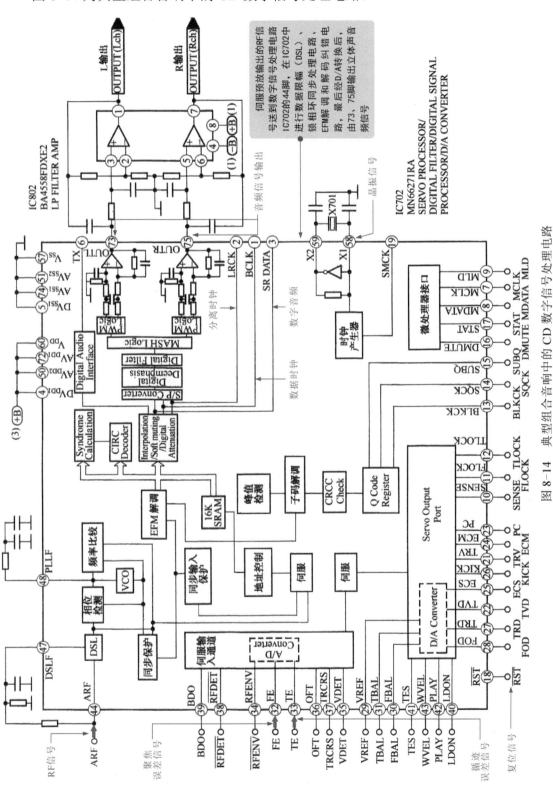

图 8-14　典型组合音响中的 CD 数字信号处理电路

167

图 8-15 为典型组合音响中的音频功放电路。

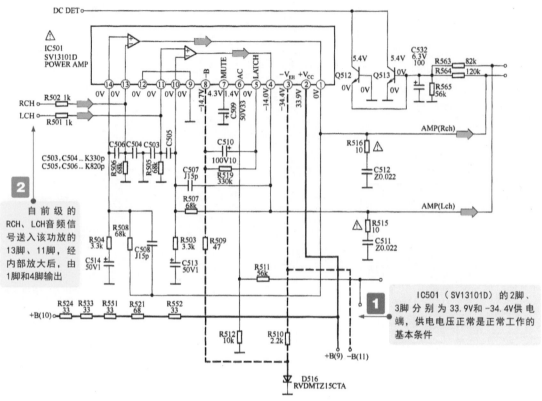

图 8-15　典型组合音响中的音频功放电路

图 8-16 为典型组合音响中的电源电路。

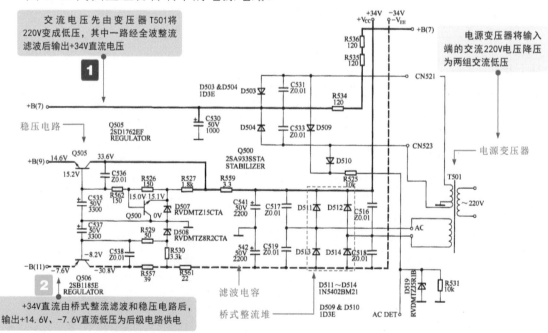

图 8-16　典型组合音响中的电源电路

8.2.1 组合音响的故障特点

组合音响是将多种音响设备组合成一体的音频产品，功能较多，内部电路结构较复杂，检修过程相对其他家电产品难度较大。当出现故障时，需先观察故障现象，初步判断故障产生的位置，再通过查找电路图纸，了解故障电路的信号流程及工作原理，建立对故障的检修流程。

组合音响常见的故障表现通常为通电开机后组合音响整体无声音、某一音响设备无声音、音量不可调节、FM/AM 不可调节、CD 不读盘等，如图 8-17 所示。

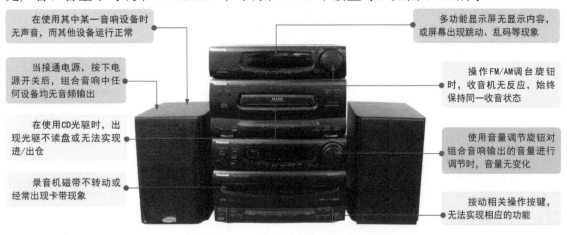

在使用其中某一音响设备时无声音，而其他设备运行正常

当接通电源，按下电源开关后，组合音响中任何设备均无音频输出

在使用CD光驱时，出现光驱不读盘或无法实现进/出仓

录音机磁带不转动或经常出现卡带现象

多功能显示屏无显示内容，或屏幕出现跳动、乱码等现象

操作FM/AM调台旋钮时，收音机无反应，始终保持同一收音状态

使用音量调节旋钮对组合音响输出的音量进行调节时，音量无变化

按动相关操作按键，无法实现相应的功能

图 8-17　组合音响的故障表现

在组合音响中，不同电路板的功能不同，当出现故障时，可通过分析故障表现找到所对应的电路板：

◇ CD 和收音控制电路出现故障，通常会导致 CD 和收音机两个设备同时出现故障，主要表现通常为无法实现收音调台、FM/AM 切换、CD 与收音机显示内容切换、显示屏无显示等相关故障。

◇ 目前，很多数码组合音响中的收音电路都采用数字调谐方式，可以实现自动调谐，而且准确。当该电路出现故障时，将直接导致用户在使用收音机时无声音输出、FM/AM 在某一状态下无声音、收音中的音箱存在噪声或干扰等现象。

◇ CD 伺服和数字信号电路发生故障时，主轴电动机转动失步。聚焦、循迹伺服失常主要表现为不读盘，组合音响不能进入工作状态。组合音响中的 CD 光盘加载不到位、自动弹出、不能进入正常播放状态、自动停机等故障的原因主要来自机械传动部分，机械系统不良的故障比较复杂。

◇ 音频信号处理电路是整个组合音响中用于处理各组成部件音频信号的主要电路，可实现对各设备音频信号的切换、解码等相关操作，出现故障时，通常会导致组合音响整体无声音、某一设备在使用时无声音、音量过低或过大、噪声严重、无重低音或左 / 右声道只有一个有声音等。

◇ 双卡录音座电路的主要功能是将声音信号变为电信号，经电—磁转换把声音信号记录在磁带上，出现故障时，将导致无法播放磁带、暂停、快进、后退、录音等。

◇ 在组合音响中，各部件的音频信号经音频信号处理电路后需送往音频功率放大器，将音频信号放大到足够的功率后驱动扬声器，出现故障时，将直接导致数码组合音响无声音输出。

◇ 数码组合音响的系统控制部分有故障，会引起整机工作不正常或不能工作，如各部件不能正常工作、自动停机、自动断电等。操作显示电路不正常会产生操作失灵、显示不良等故障。

8.2.2 组合音响的故障检修方法

通过对组合音响结构和工作原理的了解，结合故障特点可知，组合音响实质是一种输出音频信号的设备，在检修时，可重点对音频信号的传输通道进行测试，特别是主要部件的信号输入和输出部分、供电部分等。这里以组合音响中关键的音频信号处理部分，如音频信号处理集成电路、音频功率放大器为例进行介绍。

1 音频信号处理集成电路的检修方法

在组合音响中，音频信号处理集成电路的主要功能是对电路中的音频信号进行综合处理及音量控制，若该电路有故障，多会引起音量控制失常、无声音输出等故障。

下面以典型组合音响中的音频信号处理集成电路 M62408FP 为例进行介绍。图 8-18 为 M62408FP 芯片的实物外形及主要引脚功能。

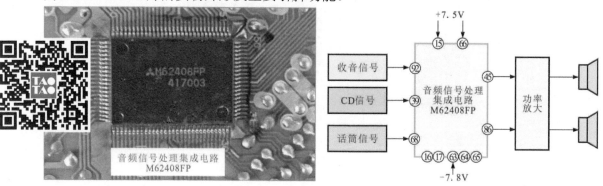

图 8-18　M62408FP 芯片的实物外形及主要引脚功能

检测时，可用万用表检测供电电压及输入 / 输出信号电压，如图 8-19 所示。

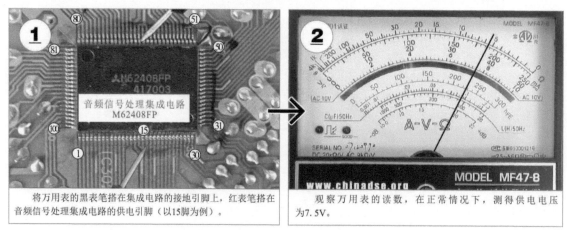

将万用表的黑表笔搭在集成电路的接地引脚上，红表笔搭在音频信号处理集成电路的供电引脚（以 15 脚为例）。

观察万用表的读数，在正常情况下，测得供电电压为 7.5V。

图 8-19　音频信号处理集成电路的检测方法

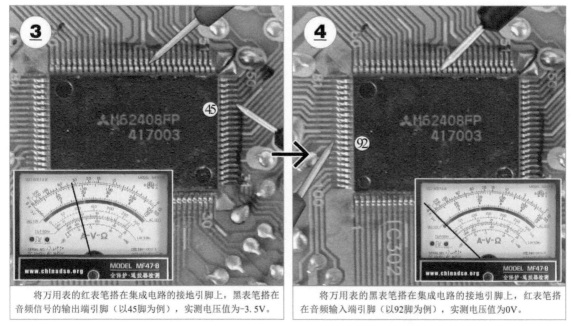

将万用表的红表笔搭在集成电路的接地引脚上，黑表笔搭在音频信号的输出端引脚（以45脚为例），实测电压值为-3.5V。

将万用表的黑表笔搭在集成电路的接地引脚上，红表笔搭在音频输入端引脚（以92脚为例），实测电压值为0V。

图 8-19　音频信号处理集成电路的检测方法（续）

在正常情况下，在集成电路供电端、信号输入端和输出端应能够测得一定的电压值。若供电及输入信号均正常，而无输出信号时，表明该芯片已损坏，可用同型号的芯片进行更换。

若检测时，实测结果与正常值偏差较大，则说明所测引脚参数异常，依次对测量部位及关联部位进行检测，最终找到故障部件，检修或更换。

在实际检修过程中，一些集成电路正常工作时各引脚的电压值可在对应的维修图纸找到（正常情况下的电压值），可作为检修时的参考依据和比照数据。

借助示波器检测芯片输入端和输出端的音频信号波形是判断该类芯片是否正常的有效且更直观的方法，如图 8-20 所示。

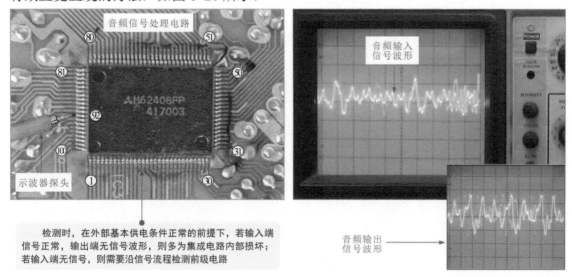

检测时，在外部基本供电条件正常的前提下，若输入端信号正常，输出端无信号波形，则多为集成电路内部损坏；若输入端无信号，则需要沿信号流程检测前级电路

图 8-20　借助示波器检测芯片输入端和输出端的音频信号波形

　　音频功放电路是组合音响中将音频信号进行功率放大的公共处理电路部分，若发生故障时，会造成组合音响的声音失常，需要根据具体故障表现进行检修。

　　音频功率放大器 SV13101D 的实物外形及各引脚电压参考值如图 8-21 所示。

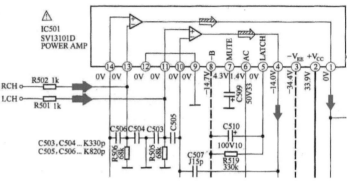

图 8-21　音频功率放大器 SV13101D 的实物外形及各引脚电压参考值

　　音频功率放大器的 2、3 脚为电压供电端，分别输入 33.9V 和 −34.4V 的供电电压；11、13 脚为音频信号输入端（电压为 0V）；1、4 脚为音频信号输出端（电压为 0V、−14.0V）。

　　判断音频功率放大器是否正常时，可用万用表检测关键引脚的电压值。若实测结果与所标识电压参考值偏差过大，则说明所测部位及关联部位存在异常；若供电及输入信号正常，而无输出信号时，则说明该音频功率放大器已损坏。

　　图 8-22 为音频功率放大器的检测方法。

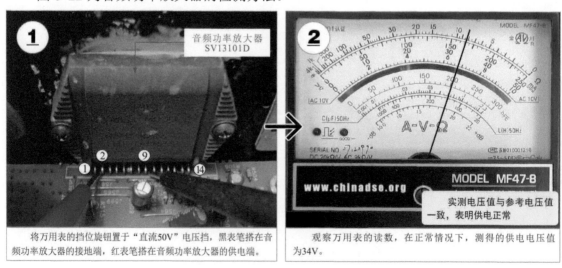

图 8-22　音频功率放大器的检测方法

保持万用表的挡位量程不变，将黑表笔搭在音频功率放大器的接地端（4脚），红表笔搭在音频功率放大器的音频信号输出端（9脚）

观察万用表的读数，在正常情况下，实际测得音频功率放大器输出端的电压值为14V（将万用表的红表笔接地时，测得电压值为负值）。

保持万用表的挡位量程不变，将万用表红表笔搭在音频功率放大器的音频信号输入端，黑表笔搭在音频功率放大器的接地引脚上。

观察万用表的读数，在正常情况下，测得的电压值为0V。输入端信号功率较低，用万用表测该信号电压为其平均电压值，接近0V，正常

图 8-22　音频功率放大器的检测方法（续）

音频功率放大器的工作过程也是典型的音频信号输入、处理和输出过程，因此可借助示波器检测输入端和输出端的音频信号。在供电等条件正常的前提下，若输入端信号正常，无输出，则多为音频功率放大器内部损坏。

▌ 3 　扬声器的检修方法

扬声器是组合音响的输出部件，几个扬声器按照一定的电路方式结合在一起构成独立的音箱设备。组合音响所有的声音都是通过音箱（扬声器）发出传到人耳的。作为将电能转变为声能的电声转换器件，音箱的品质、特性对整个音响系统的音质起着决定性的作用。

图 8-23 为典型组合音响中的扬声器。

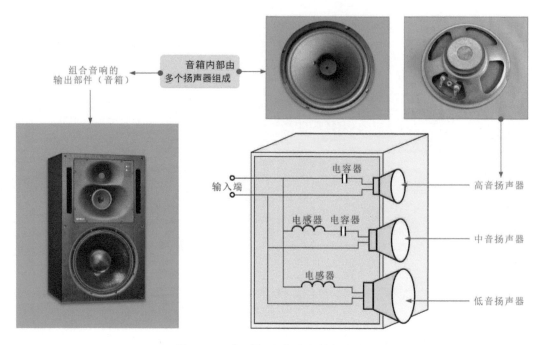

图 8-23　典型组合音响中的扬声器

判断扬声器是否正常，一般可借助万用表检测阻值的方法进行粗略判断。
图 8-24 为扬声器的检测方法。

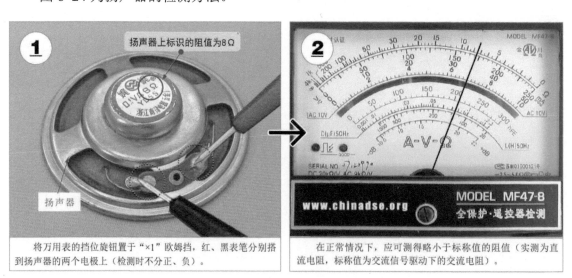

将万用表的挡位旋钮置于"×1"欧姆挡，红、黑表笔分别搭到扬声器的两个电极上（检测时不分正、负）。

在正常情况下，应可测得略小于标称值的阻值（实测为直流电阻，标称值为交流信号驱动下的交流电阻）。

图 8-24　扬声器的检测方法

在通常情况下，扬声器上会标识相关的参数信息，如 8Ω，该数值为扬声器的标称交流阻抗值（即输出阻抗）。用万用表检测时，所测结果为直流阻抗。若测量的直流阻值和标称交流阻抗相近，则表明扬声器正常；若测得的阻值为零或者无穷大，则说明扬声器已损坏。

在检测时，若扬声器的性能良好，当用万用表的两表笔触碰扬声器的电极时，扬声器会发出"咔咔"的声音。若扬声器损坏，则没有声音发出。

第9章

彩色电视机的
结构原理与检修技能

9.1 彩色电视机的结构原理

9.1.1 彩色电视机的结构组成

彩色电视机是指采用显像管作为显示器件的 CRT 彩色电视机，具有显示颜色好、亮度高、对比度高、图像清晰等特点。

彩色电视机的品牌、外形设计风格多样，基本结构和外形特点相似。下面以康佳数字高清彩色电视机 P29MV217 为例介绍彩色电视机的结构。

1 彩色电视机的外部结构

图 9-1 为康佳 P29MV217 型彩色电视机的外部结构。从正面可看到显示屏幕和操作面板，屏幕两侧为扬声器，背部可找到铭牌标识及输入、输出接口。

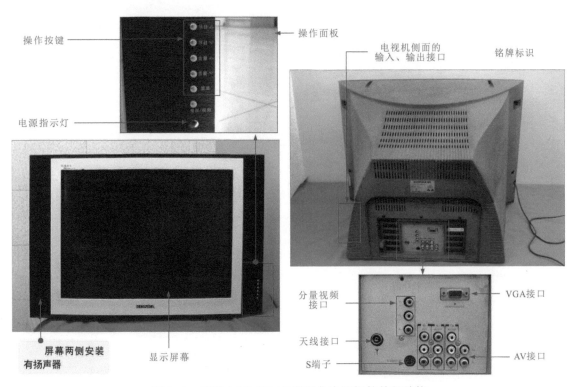

图 9-1　康佳 P29MV217 型彩色电视机的外部结构

彩色电视机前面的操作面板会设计多个操作按键，方便使用者设置频道、音量等参数。在彩色电视机的背部会根据功能要求设计多种输入、输出接口，如最常见的天线接口、AV 接口、VGA 接口、S 端子、分量视频接口等。观察彩色电视机的外部结构主要查看显示屏是否完好、各操作按键的触点是否良好、外壳有无损伤、是否污物过多、各接口是否有松动锈蚀等现象，可更全面地了解彩色电视机的使用情况，有助于进行下一步的故障判断。

2　彩色电视机的内部结构

将彩色电视机的后机壳拆开后就可看到内部的主电路板、显像管组件等部分，如图 9-2 所示。彩色电视机内部最明显的就是显像管（体积大，外形近似锥形），在显像管上可找到高压帽和显像管组件等部分，在显像管下方水平放置的电路板为主电路板，上面设有各种功能电路，显像管两侧分别安装一组扬声器。

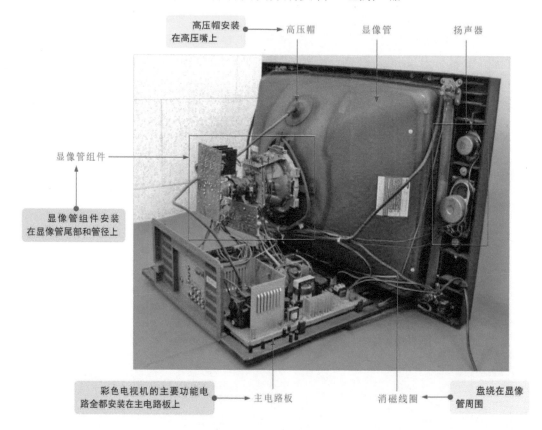

图 9-2　康佳 P29MV217 型彩色电视机的内部结构

（1）显像管组件。显像管组件是 CRT 彩色电视机所特有的图像显示器件，主要由显像管、电子枪、偏转线圈、校正磁环（会聚、色纯调整磁环）、显像管电路板和速度调制电路板等部分组成。图 9-3 为显像管组件的结构。

（2）主电路板。彩色电视机的主电路板放置在显像管的下方，水平放置在底板上，通过多个连接插件与其他小电路板、显像管组件、扬声器等连接，如图 9-4 所示。

（3）其他电路板和部件。除了显像管组件和主电路板两个主要部分外，在彩色电视机中还可找到操作电路板、接口电路板、扬声器等，如图 9-5 所示。

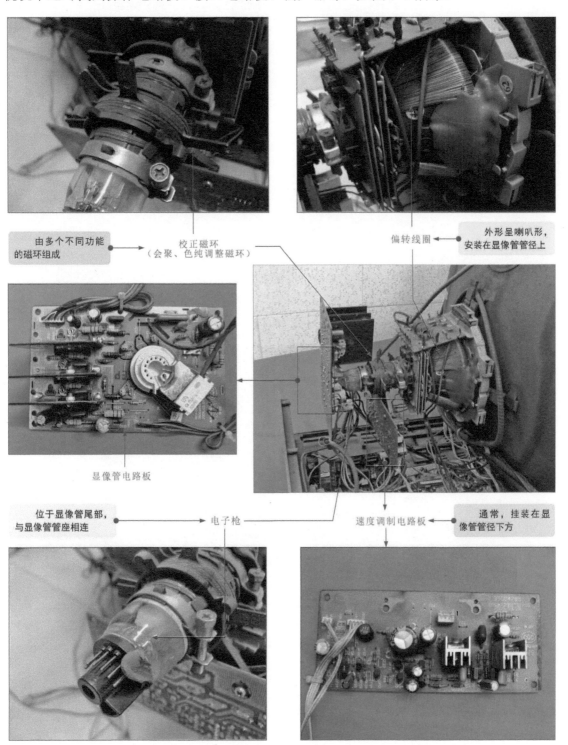

由多个不同功能的磁环组成

校正磁环
（会聚、色纯调整磁环）

偏转线圈

外形呈喇叭形，安装在显像管管径上

显像管电路板

位于显像管尾部，与显像管管座相连

电子枪

速度调制电路板

通常，挂装在显像管管径下方

图 9-3　显像管组件的结构

177

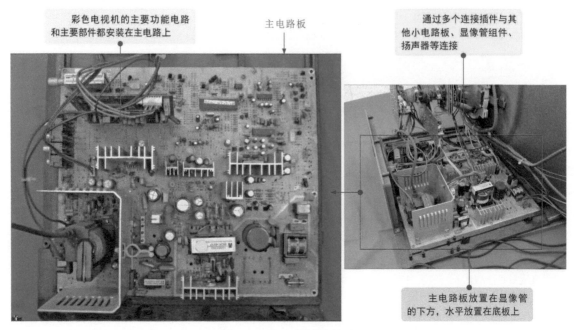

彩色电视机的主要功能电路和主要部件都安装在主电路上

主电路板

通过多个连接插件与其他小电路板、显像管组件、扬声器等连接

主电路板放置在显像管的下方，水平放置在底板上

图 9-4　主电路板的外形

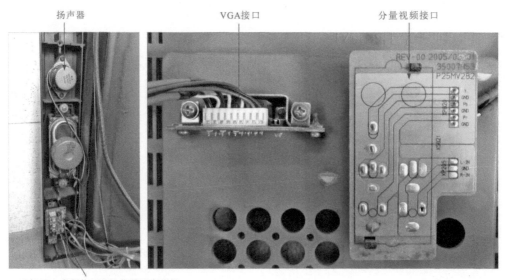

扬声器

VGA接口

分量视频接口

AV接口、音频接口和操作显示电路板

图 9-5　其他电路板和部件

3　彩色电视机的电路结构

彩色电视机的电路结构复杂，以电视信号流程为主线，根据各单元电路功能的不同，通常将彩色电视机的电路划分为电视信号接收电路、电视信号处理电路、音频信号处理电路、行扫描电路、场扫描电路、系统控制电路、显像管电路和开关电源电路8个单元电路模块。

图 9-6 为康佳 P29MV217 型彩色电视机的电路结构。

音频信号处理电路　　　　系统控制电路　　　电视信号处理电路　　　电视信号接收电路

图 9-6　康佳 P29MV217 型彩色电视机的电路板结构

（1）电视信号接收电路。电视信号接收电路主要用来接收天线或有线电视信号，经处理后输出视频图像信号和音频信号。一般来说，彩色电视机的电视信号接收电路主要是由谐调器、预中放、声表面波滤波器、中频信号处理集成电路等组成的。图 9-7 为康佳 P29MV217 型彩色电视机的电视信号接收电路。

（2）电视信号处理电路。电视信号处理电路主要用来处理电视信号接收电路及外部接口送来的视频信号，是彩色电视机的重要组成部分。

图 9-8 为康佳 P29MV217 型彩色电视机的电视信号处理电路。可以看到，数字高清彩色电视机的电视信号处理电路在结构上较为独立，全部设计在一块独立的电路板上，以数字视频处理集成电路为核心，外围安装晶体、存储器等电子元器件。

（3）音频信号处理电路。彩色电视机中的音频信号处理电路主要用来处理和放大音频信号，通常在音频信号处理电路的附近还会有扬声器接口用于与扬声器相连接。一般来说，彩色电视机的音频信号处理电路主要是由音频选择切换集成电路、音频信号处理集成电路、音频功率放大器等组成的。

图 9-9 为康佳 P29MV217 型彩色电视机的音频信号处理电路。

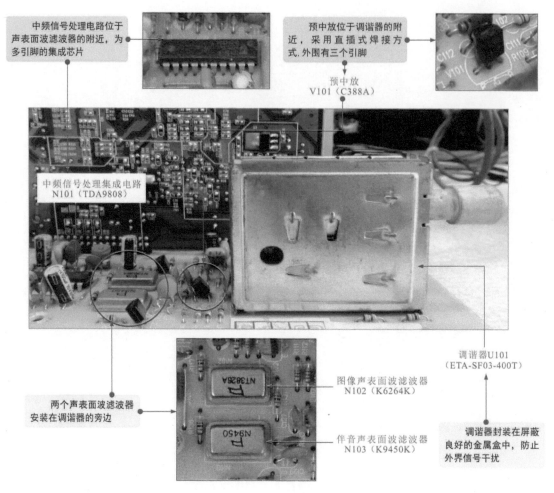

中频信号处理电路位于声表面波滤波器的附近，为多引脚的集成芯片

预中放位于调谐器的附近，采用直插式焊接方式,外围有三个引脚

预中放
V101（C388A）

中频信号处理集成电路
N101（TDA9808）

调谐器U101
（ETA-SF03-400T）

图像声表面波滤波器
N102（K6264K）

伴音声表面波滤波器
N103（K9450K）

两个声表面波滤波器安装在调谐器的旁边

调谐器封装在屏蔽良好的金属盒中，防止外界信号干扰

图 9-7　康佳 P29MV217 型彩色电视机的电视信号接收电路

电视信号处理电路中有很多大规模集成电路，这些集成电路引脚多而密集

电视信号处理电路板的正面

电视信号处理电路板的背面

电视信号处理电路中有很多贴片元器件

晶体

数字视频处理集成电路

数字高清彩色电视机的电视信号处理电路多设计在独立的电路板上

图 9-8　康佳 P29MV217 型彩色电视机的电视信号处理电路

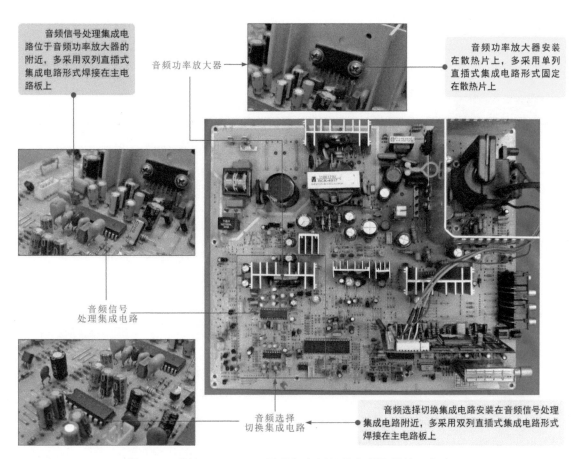

音频信号处理集成电路位于音频功率放大器的附近，多采用双列直插式集成电路形式焊接在主电路板上

音频功率放大器

音频功率放大器安装在散热片上，多采用单列直插式集成电路形式固定在散热片上

音频信号处理集成电路

音频选择切换集成电路

音频选择切换集成电路安装在音频信号处理集成电路附近，多采用双列直插式集成电路形式焊接在主电路板上

图 9-9　康佳 P29MV217 型彩色电视机的音频信号处理电路

（4）行扫描电路。彩色电视机行扫描电路的主要功能是产生行偏转线圈所需要的行锯齿波脉冲，产生偏转磁场，控制显像管内的电子束水平扫描。一般来说，彩色电视机的行扫描电路主要是由行激励晶体管、行激励变压器、行输出晶体管、行输出变压器和行偏转线圈和外围部件等组成的。图 9-10 为康佳 P29MV217 型彩色电视机的行扫描电路。

（5）场扫描电路。彩色电视机场扫描电路的主要功能是产生场偏转线圈所需要的场锯齿波脉冲，产生偏转磁场，控制显像管内的电子束垂直扫描。一般来说，彩色电视机的场扫描电路主要是由场输出集成电路和外围部件等组成的。图 9-11 为康佳 P29MV217 型彩色电视机的场扫描电路。

（6）系统控制电路。彩色电视机系统控制电路是整机的控制核心，整机功能的实现都是由该电路进行控制的。一般来说，彩色电视机系统控制电路主要是由微处理器、数据存储器、晶体等组成的。图 9-12 为康佳 P29MV217 型彩色电视机的系统控制电路。

（7）显像管电路。彩色电视机显像管电路位于显像管的管径尾端，放大 R、G、B 视频信号，为显像管各电极供电。一般来说，彩色电视机的显像管电路主要是由末级视放集成电路、显像管管座和外围部件等组成的。图 9-13 为康佳 P29MV217 型彩色电视机的显像管电路。

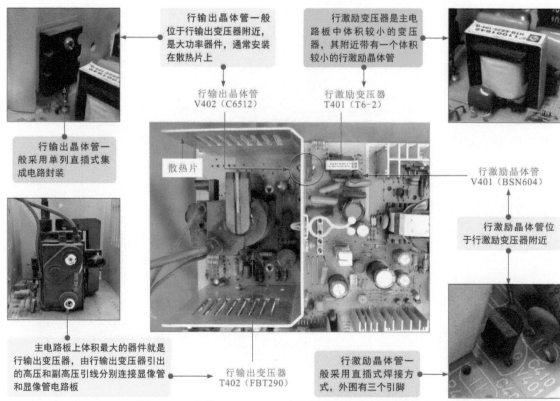

行输出晶体管一般位于行输出变压器附近，是大功率器件，通常安装在散热片上

行激励变压器是主电路板中体积较小的变压器，其附近带有一个体积较小的行激励晶体管

行输出晶体管
V402（C6512）

行激励变压器
T401（T6-2）

散热片

行激励晶体管
V401（BSN604）

行输出晶体管一般采用单列直插式集成电路封装

行激励晶体管位于行激励变压器附近

主电路板上体积最大的器件就是行输出变压器，由行输出变压器引出的高压和副高压引线分别连接显像管和显像管电路板

行输出变压器
T402（FBT290）

行激励晶体管一般采用直插式焊接方式，外围有三个引脚

图 9-10　康佳 P29MV217 型彩色电视机的行扫描电路

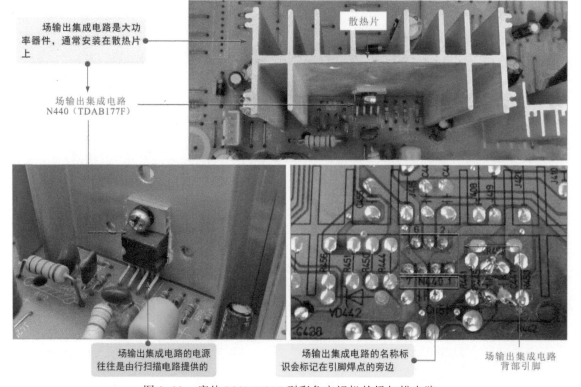

场输出集成电路是大功率器件，通常安装在散热片上

散热片

场输出集成电路
N440（TDAB177F）

场输出集成电路的电源往往是由行扫描电路提供的

场输出集成电路的名称标识会标记在引脚焊点的旁边

场输出集成电路背部引脚

图 9-11　康佳 P29MV217 型彩色电视机的场扫描电路

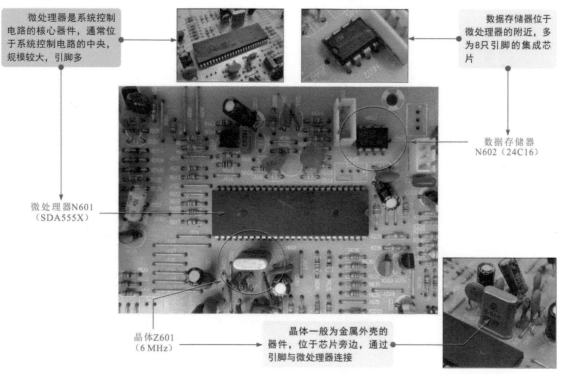

图 9-12 康佳 P29MV217 型彩色电视机的系统控制电路

微处理器是系统控制电路的核心器件，通常位于系统控制电路的中央，规模较大，引脚多

数据存储器位于微处理器的附近，多为8只引脚的集成芯片

数据存储器 N602（24C16）

微处理器N601（SDA555X）

晶体Z601（6 MHz）

晶体一般为金属外壳的器件，位于芯片旁边，通过引脚与微处理器连接

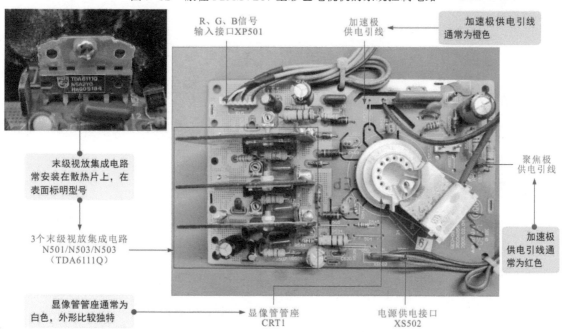

R、G、B信号输入接口XP501

加速极供电引线

加速极供电引线通常为橙色

聚焦极供电引线

末级视放集成电路常安装在散热片上，在表面标明型号

3个末级视放集成电路 N501/N503/N503（TDA6111Q）

显像管管座通常为白色，外形比较独特

显像管管座 CRT1

电源供电接口 XS502

加速极供电引线通常为红色

图 9-13 康佳 P29MV217 型彩色电视机的显像管电路

（8）开关电源电路。开关电源电路主要是用来为彩色电视机各单元电路和元器件提供工作电压，可保证彩色电视机正常工作。一般来说，彩色电视机的开关电源电路主要是有熔断器、互感滤波器、桥式整流堆、滤波电容器、开关晶体管、开关振荡集成电路、开关变压器及整流元器件等组成的。

图 9-14 为康佳 P29MV217 型彩色电视机的开关电源电路。

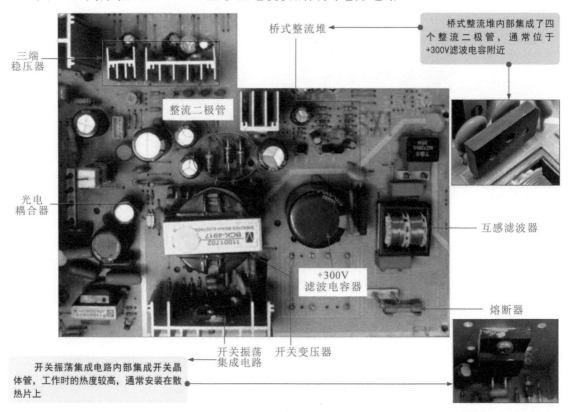

图 9-14　康佳 P29MV217 型彩色电视机的开关电源电路

9.1.2　彩色电视机的工作原理

为搞清彩色电视机的整机工作原理，下面仍以康佳 P29MV217 型彩色电视机电路为例，对典型彩色电视机的工作过程进行分析。

1　彩色电视机整机工作过程

彩色电视机由各单元电路协同工作，完成信号的接收、处理和输出。图 9-15 为彩色电视机的整机工作过程。彩色电视机在工作时，由开关电源电路为各单元电路及功能部件提供工作所需的各种电压。

通过图 9-15 可大体对彩色电视机的工作环节进行初步的了解。实际上，整个工作环节非常细致、复杂。下面以信号处理过程作为主线，深入探究各单元电路之间是如何配合工作的。

2　电视信号接收电路的工作过程

电视信号接收电路中每部分实现的功能不同，为了便于分析电视信号接收电路的工作过程，下面以康佳 P29MV217 型彩色电视机中的电视信号处理电路为例，将该部

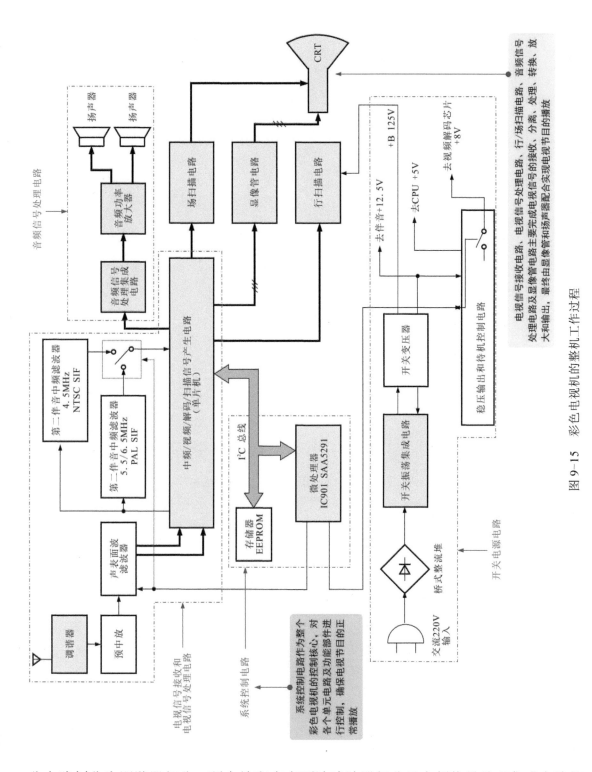

图 9-15 彩色电视机的整机工作过程

分电路划分为调谐器部分、预中放和声表面波滤波器部分及中频信号处理集成电路部分进行分析。

（1）调谐器部分。在电视信号接收电路中，调谐器用于接收外部的电视信号，经处理后，输出中频信号并送入后级电路中。

185

图 9-16 为康佳 P29MV217 型彩色电视机中调谐器部分的电路图。

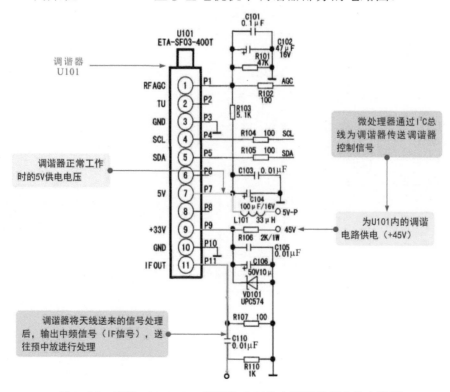

图 9-16   康佳 P29MV217 型彩色电视机中调谐器部分的电路图

由图 9-16 可知，谐调器 U101（ETA-SF03-400T）7 脚的供电电压为 5 V；9 脚为调谐电路的供电电压输入端，由微处理器输出的调谐控制信号采用 I²C 总线控制方式，由 4 脚、5 脚送入 U101 中，控制调谐放大器和本振中的谐振频率。

天线送来的高频信号经调谐器 U101 放大、混频处理后变为中频信号，由调谐器 U101 的 11 脚（IF 端）输出，送往后级电路中进行处理。

（2）预中放和声表面波滤波器部分。电视信号接收电路中预中放和声表面波滤波器是将调谐器输出的中频信号进行放大，并对信号中的杂波和干扰进行滤波。

图 9-17 为康佳 P29MV217 型彩色电视机中预中放和声表面波滤波器部分的电路图。

由图 9-17 可知，调谐器输出的中频信号送往预中放 V101（C388A）的基极，放大后由集电极输出，分别送到图像声表面波滤波器 N103 以及伴音声表面波滤波器 N102 的 1 脚。

伴音声表面波滤波器 N103 将预中放送来的中频信号分离，由 4 脚、5 脚输出伴音中频信号送往中频信号处理集成电路 N101（TDA9808）的 19 脚和 20 脚。

图像声表面波滤波器 N102 将预中放送来的中频信号分离，由 4 脚、5 脚输出图像中频信号送往中频信号处理集成电路 N101（TDA9808）部分的 1 脚和 2 脚。

（3）中频信号处理集成电路 N101（TDA9808）部分。中频信号处理集成电路是电视信号处理电路的重要信号处理部分。

图 9-18 为康佳 P29MV217 型彩色电视机中的中频信号处理集成电路的电路图。

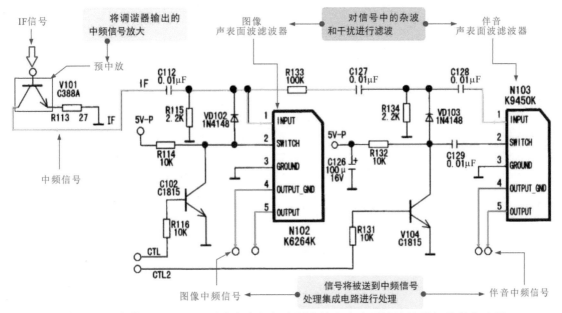

图 9-17　康佳 P29MV217 型彩色电视机中预中放和声表面波滤波器部分的电路图

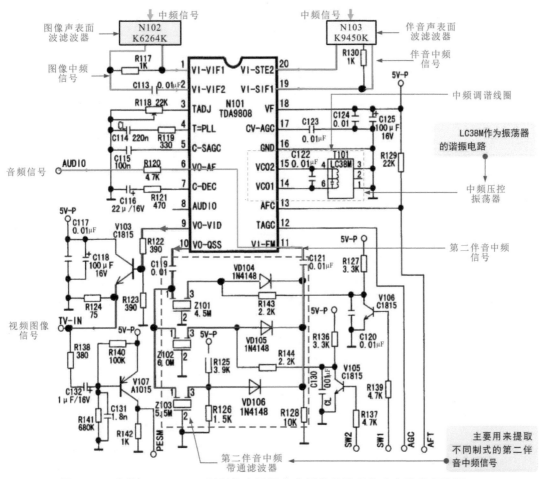

图 9-18　康佳 P29MV217 型彩色电视机中中频信号处理集成电路的电路图

由图 9-18 可知，中频信号处理集成电路 N101 的供电电压为 +5 V，1 脚、2 脚、19 脚和 20 脚分别为伴音中频和图像中频的输入端。

其中，由中频信号处理集成电路 N101 的 1 脚和 2 脚送入的图像中频信号在 N101 中进行中频放大和视频检波，从载波上解出视频图像信号，由 9 脚输出。

由中频信号处理集成电路 N101 的 19 脚和 20 脚送入的伴音中频信号在 N101 中进行伴音中频放大和伴音解调后，由 10 脚输出第二伴音中频信号，经第二伴音中频带通滤波器 Z101、Z102、Z103 分别提取出相应制式的第二伴音中频信号，经 11 脚再次送回中频信号处理集成电路 N101，经 FM 解调处理后由 6 脚输出音频信号，送往后级音频信号处理电路中。

3 音频信号处理电路的工作过程

以康佳 P29MV217 型彩色电视机中的音频信号处理电路为例，将该音频信号处理电路划分为 3 个部分，即音频信号切换部分、音频信号处理部分及音频信号放大部分，从音频输入部分开始，顺着信号流程逐级分析。

（1）音频信号切换电路 N203（TC4052）。图 9-19 为康佳 P29MV217 型彩色电视机音频信号切换电路 N203（TC4052）部分的电路图。

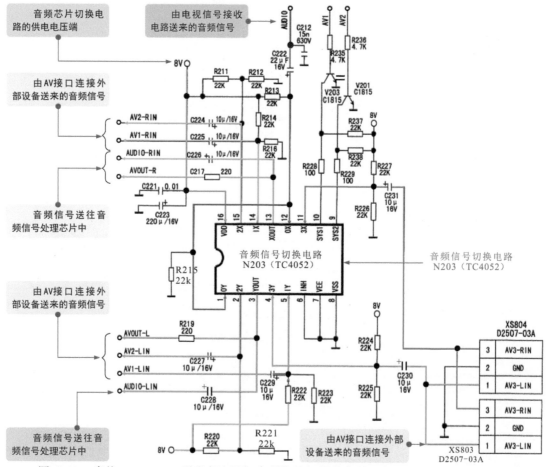

图 9-19　康佳 P29MV217 型彩色电视机音频信号切换电路 N203（TC4052）部分的电路图

由图9-19可知，由电视信号接收电路送来的音频信号送到音频信号切换电路N203（TC4052）的12脚和1脚作为备选信号，AV接口连接外部设备时，外部音频信号送到音频信号切换电路N203（TC4052）的5脚、2脚、4脚、11脚作为备选信号。音频信号切换电路N203（TC4052）在微处理器的控制下根据用户需求对输入的音频信号进行选择。

需要注意的是，在实际使用中，一般不会同时使用所有的TV或AV接口为彩色电视机送入信号。若彩色电视机未通过AV接口连接任何外部设备，只通过调谐器接口连接有线电视信号，则此时音频信号切换电路N203中只有12脚有输入的音频信号；若彩色电视机通过AV1接口连接DVD等设备，则可在音频信号切换电路N203的5脚和14脚输入音频信号，依此类推，即只有相关接口连接设备时才会有信号输入。

音频信号经音频信号切换电路N203（TC4052）在微处理器的控制下选择一路由3脚和13脚分别输出左、右双声道音频信号，送往音频信号处理芯片N202（NJW1166）中进行处理。

（2）音频信号处理芯片N202（NJW1166）。图9-20为康佳音频信号处理芯片N202（NJW1166）部分的电路图。

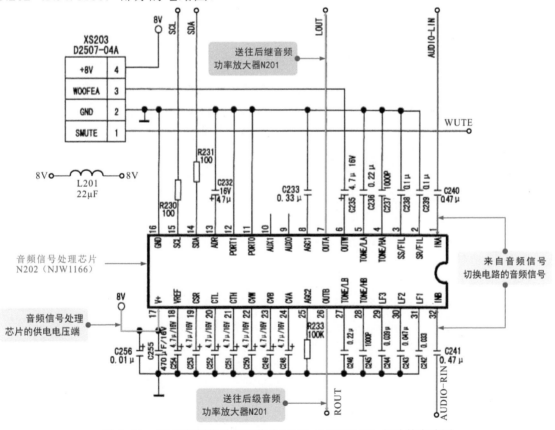

图9-20 康佳音频信号处理芯片N202（NJW1166）部分的电路图

来自音频信号切换电路N203（TC4052）的左（LOUT）、右（ROUT）音频信号分别送到音频信号处理芯片N202（NJW1166）的1脚、32脚处理后，由7脚、26脚分别输出LOUT、ROUT音频信号，送往后级音频功率放大器N201中进行放大处理。

（3）音频功率放大器 N201（TDA2616）。图 9-21 为康佳音频功率放大器 N201（TDA2616）部分的电路图。

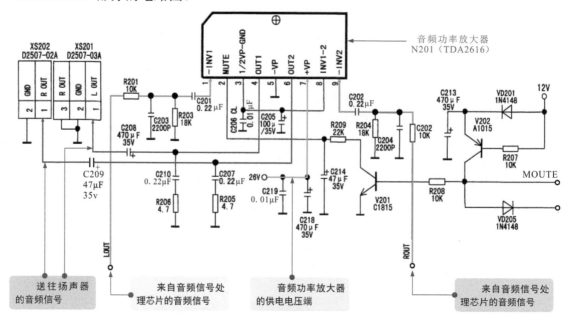

图 9-21　康佳音频功率放大器 N201（TDA2616）部分的电路图

　　来自音频信号处理芯片 N202（TDA2616）的 L、R 信号分别送入音频功率放大器 N201（TDA2616）的 1 脚、9 脚放大处理后，由 4 脚、6 脚输出，经耦合电容器 C208、C209 耦合至扬声器接口 XS202、XS201 上，最终驱动扬声器。

▌ 4　电视信号处理电路的工作过程

　　图 9-22 为康佳 P29MV217 型彩色电视机电视信号处理电路的工作过程。该电路采用数字电路板作为电视信号处理电路，由 VGA 接口（R、G、B 和 Hs、Vs）和分量视频接口（Y、Pb、Pr）送来的模拟视频信号首先送入视频切换开关中切换，然后送入 A/D 转换器中将模拟视频信号变为数字视频信号，再送入数字视频处理集成电路中处理。

　　由电视信号接收电路送来的视频信号及由外部 AV 接口送来的模拟视频信号也被送入数字视频处理集成电路中。多路视频信号在数字图像处理电路中经切换、图像处理、降噪及格式变换等处理后，输出模拟 R、G、B 三基色信号及行、场同步信号送入视频输出和扫描信号处理电路中，同时由微处理器送来的字符显示信号（OSD）也送入视频输出和扫描信号处理电路中进行处理。视频输出和扫描信号处理电路最后输出 R、G、B 三基色信号送往显像管电路中，输出的行、场激励信号送往行、场扫描电路中。

▌ 5　行扫描电路的工作过程

　　彩色电视机的行扫描电路用于产生行锯齿波脉冲，使电子束进行水平方向的扫描运动，形成矩形光栅，使显像管的电子枪在偏转磁场的作用下进行从上至下的扫描运动，形成电视图像。

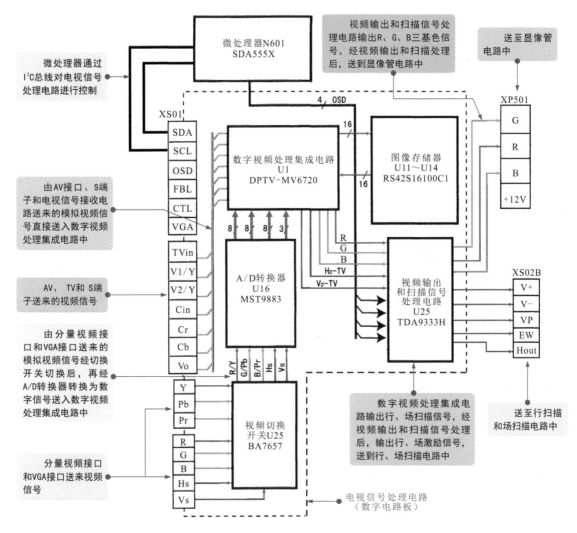

图 9-22　康佳 P29MV217 型彩色电视机电视信号处理电路的工作过程

图 9-23 为康佳 P29MV217 型彩色电视机行扫描电路的电路图，具体工作过程如下：

◇彩色电视机在工作状态，由电视信号处理电路送来的行激励脉冲信号经行激励晶体管 V401 放大后，经行激励变压器 T401 送到行输出晶体管 V402 的基极，由 V402 将行脉冲放大到足够的幅度（幅度为 1000V 以上）后由集电极输出，一路送入行输出变压器 T402 的初级绕组，另一路经偏转线圈接口 XS401 送入行偏转线圈中。

◇开关电源送来的 +B 电压（+145V）由 XS410 的 1 脚送入行扫描电路，一路经电阻器 R402 为行激励变压器 T401 供电，另一路经行输出变压器 T402 的 1 ～ 3 脚为行输出晶体管 V402 的集电极提供直流偏压。

◇行扫描电路开始工作后，由行输出变压器 T401 的 9 脚、6 脚和 5 脚经整流滤波后分别输出 45V、-13V 和 +13V 为场扫描电路供电；2 脚经整流滤波后输出末级视放电压（约为 200V）、8 脚输出灯丝电压由 XS403 送入显像管电路中；此外，行输出变压器 T401 还输出一个阳极高压 H．V（约为 29kV）、聚焦极电压 FOCUS（约为 350V）和加速极 SCREEN 电压（约为 7000V）加到显像管上。

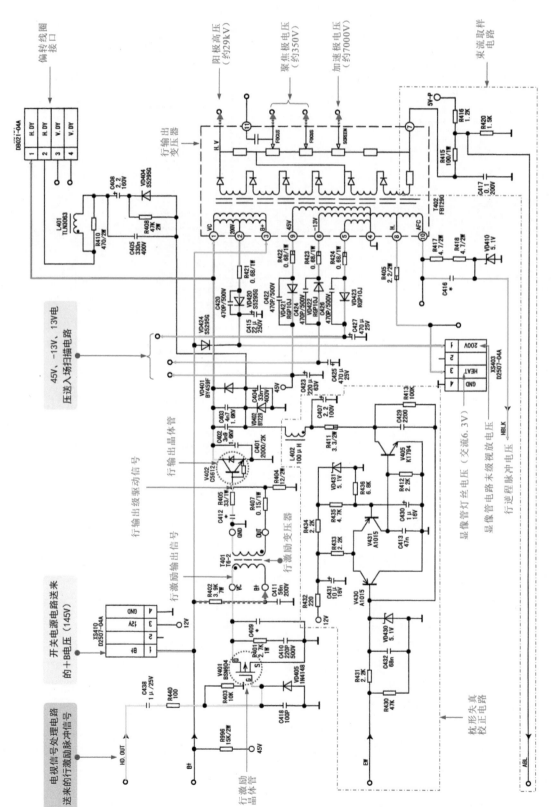

图 9-23 康佳 P29MV217 型彩色电视机的行扫描电路图

◇行逆程脉冲电压由行输出变压器 T402 的 10 脚输出，送入微处理器作为字符产生电路的水平同步信号，稳定字符在图像中的垂直位置。行逆程脉冲信号送入电视信号处理芯片中与行基准信号比较，使行扫描脉冲保持正确的相位关系。

▌6   场扫描电路的工作过程

彩色电视机的场扫描电路用于产生场锯齿波脉冲，使电子束进行垂直方向的扫描运动，形成矩形光栅，使显像管的电子枪在偏转磁场的作用下进行从左至右的扫描运动，形成电视图像。

图 9-24 为康佳 P29MV217 型彩色电视机场扫描电路的电路图。

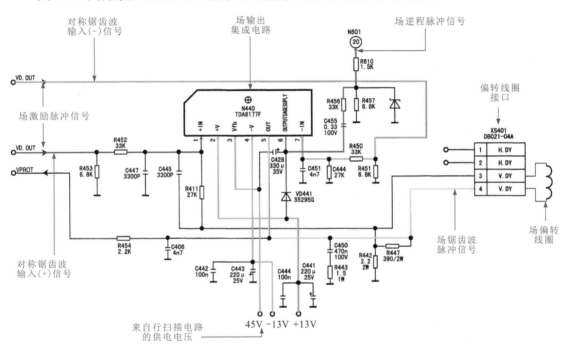

图 9-24   康佳 P29MV217 型彩色电视机场扫描电路的电路图

具体工作过程如下：

◇来自行扫描电路的 45V、–13V 和 +13V 电压加到场输出集成电路的 3 脚、4 脚和 2 脚，为场输出集成电路供电。

◇由电视信号处理电路输出的对称场激励脉冲信号（VD.OUT）经 RC 耦合电路分别送入场输出集成电路 N440（TDAB177F）的 1 脚和 7 脚，在 N440 中经场触发输入电路、场激励和场输出放大器后，由 5 脚输出场锯齿波脉冲信号，经偏转线圈接口 XS401 驱动场偏转线圈。

▌7   系统控制电路的工作过程

系统控制电路主要是对彩色电视机中的电视信号接收电路、电视信号处理电路、音频信号处理电路、显像管电路及行、场扫描电路等单元电路进行控制的电路。

图 9-25 为康佳 P29MV217 型彩色电视机系统控制电路部分的电路图。

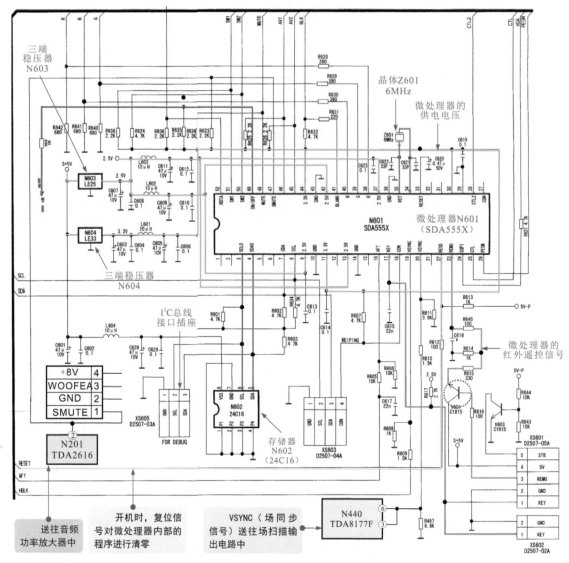

图 9-25　康佳 P29MV217 型彩色电视机系统控制电路部分的电路图

◇ 微处理器 N601（SDA555X）若要进入工作状态，需要具备一些工作条件，如供电电源、复位电压及人工指令等。

　　◇微处理器 N601（SDA555X）的供电电压有两组，分别为 2.5 V 和 3.3 V，主要为微处理器提供工作电压；晶体 Z601 与微处理器 N601 的内部电路构成时钟信号发生器，为微处理器提供同步脉冲。

　　◇ 微处理器 N601（SDA555X）的 17 脚为人工指令输入端，连接操作按键；23 脚为遥控信号端，连接遥控接收头，接收遥控信号。微处理器将送入的人工指令信息或遥控编码信息经译码转换成各种控制信号后控制整机工作。

　　◇ 微处理器 N601 对各种电路的控制通过 I^2C 总线传送控制数据，3 脚和 4 脚输出串行数据和串行时钟信号送到存储器 N602 中控制存储数据的存取。该电路还送到其他电路（如视频电路）传输控制指令。

◇ 开机时，复位电路为微处理器的 22 脚提供复位信号。存储器 N602（24C16）的 8 脚为 5 V 电压供电端。

◇ 微处理器 N601（SDA555X）的 7 脚和 8 脚为第 2 套 I²C 总线信号接口端。

◇ 微处理器 N601 的 38 脚、39 脚、40 脚分别输出 R、G、B 信号，送到电视信号处理电路的 R、G、B 矩阵电路与主 R、G、B 信号合成。

◇ 微处理器 IC001 的 41 脚输出字符显示 / 消隐控制信号；19 脚和 20 脚为行、场同步信号的输入端。

7　显像管电路的工作过程

彩色电视机的显像管电路用于为显像管的各电极提供驱动信号，使显像管显示图像。图 9-26 为康佳 P29MV217 型彩色电视机显像管电路的电路图。

具体工作过程如下：

◇ 由插件 XS502 送来的 200 V 直流高压经电阻器 R534 和电容器 C518 后分为三路电压，分别加到末级视放集成电路 N501、N502 和 N503 的 6 脚提供工作电压；

◇ 由插件 XP501 送来的 12 V 直流低压经电感器 C506 和电阻器 R503 后分为三路电压，分别加到末级视放集成电路 N501、N502 和 N503 的 1 脚提供工作电压；

◇ 由电视信号处理电路送来的 R、G、B 三基色信号经插件 XP501 分别送入三路末级视放集成电路 N501、N502、N503 中。其中，R 信号由末级视放集成电路 N502 的 3 脚进入，经放大后由 8 脚输送到显像管管座的 8 脚；G 信号由末级视放集成电路 N501 的 3 脚进入，经放大后由 8 脚输送到显像管管座的 6 脚中；B 信号由末级视放集成电路 N503 的 3 脚进入，经放大后由 8 脚输送到显像管管座的 11 脚中。

◇ 由插件 XS502 送来的灯丝电压经电阻器 R535 和电容器 C515 后送到显像管管座的 9 脚提供灯丝电压。

◇ 显像管在供电及驱动信号的联合作用下显示电视图像。

◇ 彩色电视机正常工作时，12V 直流电压经电感器 L504、电阻器 R503、R538 和二极管 VD504 向电容器 C525 充电。由于 VD504 的钳位作用，电容器 C525 两端电压在充电结束后为 0.7 V 左右，即晶体管 V503 的发射极电位为 0.7 V，基极接地，形成反偏置而截止，对末级视放集成电路的工作无影响。

彩色电视机关机时，12V 电压为零，电容器 C525 经 VD504 迅速放电完毕，使 C525 两端电压（V503 发射极对地电压）为 -0.7V 左右，V503 立即导通，使 V502 也导通，使末级视放集成电路 N501、N502、N503 的 8 脚分别经电阻器 R527、R526、R525，二极管 VD501、VD502、VD503，电阻器 R534、R550，晶体管 V502 到地，使末级视放集成电路的 8 脚电位迅速降低，8 脚电压为零，使显像管三个阴极电压也为零，束流增大，迅速放掉高压滤波电容存储的电荷，达到关机消除亮点的目的。

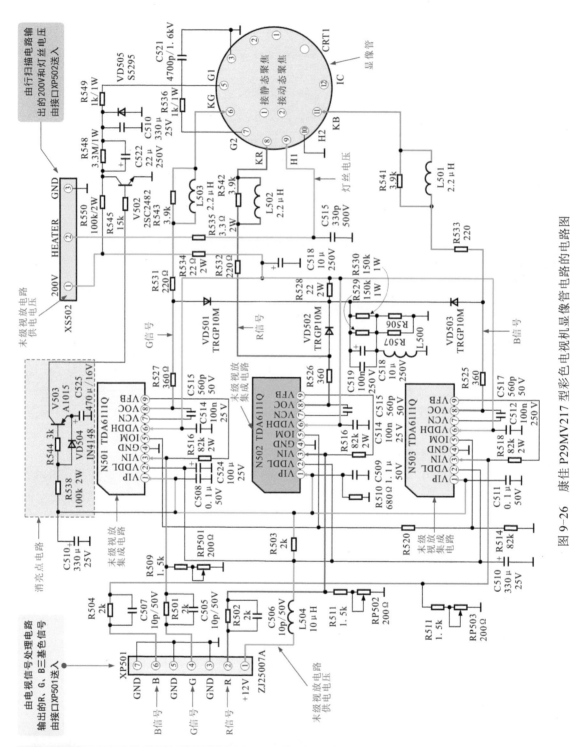

图 9-26 康佳 P29MV217 型彩色电视机显像管电路的电路图

█ 8 ▌ 开关电源电路的工作过程

开关电源电路主要是将交流 220 V 转换成各单元电路或元器件可以正常工作的工作电压。在对该电路进行分析时，可根据电压值的变化进行分析。

图 9-27 为康佳 P29MV217 型彩色电视机中开关电源电路的电路图。

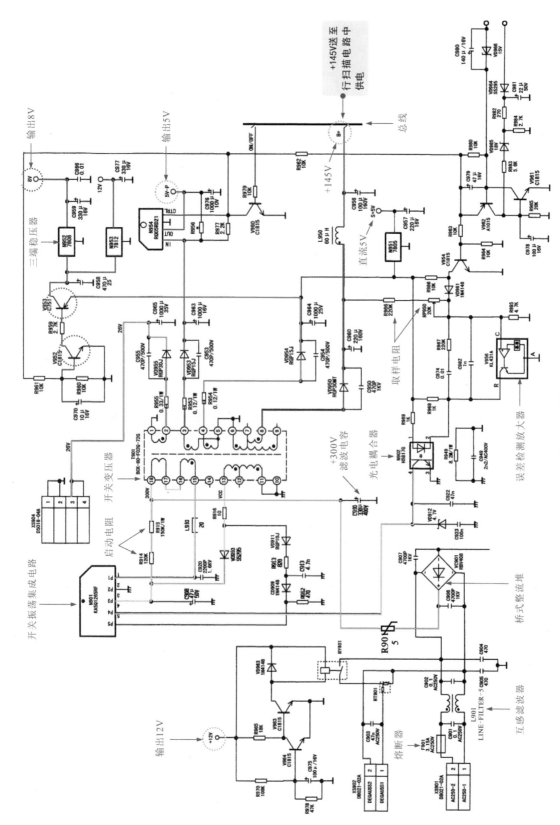

图9-27 康佳P29MV217型彩色电视机中开关电源电路的电路图

◇ 彩色电视机开机后，交流 220V 通过电源线和电源按键送入电源电路中。

◇ 交流 220V 电压经熔断器 F901、互感滤波器 L901 等元器件滤除噪声和脉冲干扰后，再经过桥式整流堆 VC901 和电容器 C910 整流滤波，输出约 +300V 的直流电压。

◇ +300V 直流电压一路经开关变压器 T901 初级绕组的 18 ～ 15 脚加到开关振荡集成电路 N901 的 1 脚提供直流偏压，另一路经启动电阻 R915、R914 加到 N901 的 3 脚提供启动电压，开关振荡集成电路 N901 开始工作，1 脚输出振荡信号，送到开关变压器 T901 的初级绕组中驱动开关变压器工作。开关变压器正反馈绕组的 13 脚输出正反馈电压加到 N901 的 3 脚，与启动电压叠加在一起维持开关振荡集成电路工作。

◇ 开关变压器 T901 的次级绕组输出开关脉冲电压，经次级电路中的二极管、滤波电容和稳压器等整流滤波后，输出 +B（145V）、25V、12V、8V、5V 等。其中，+B（145V）电压送至行扫描电路中，为行扫描电路供电。

◇ 当开关变压器的次级输出电压升高时，经取样电阻分压加至误差检测放大器 V956 的 C 端电位升高，V956 的 R 端电压降低，使流经光电耦合器 N902 内部发光二极管的电流增大，发光亮度增强，光敏三极管导通程度增强，使 N901 的 4 脚电压降低，其内部振荡电路输出驱动脉冲的宽度发生变化，使开关变压器输出电压降低，因此对误差检测电路进行检测时，应对光电耦合器等元器件进行检测。

9.2 彩色电视机的故障检修

9.2.1 彩色电视机的故障特点

1 彩色电视机的故障表现

彩色电视机的常见故障表现可分为图像显示不良、伴音不良、操作失常等。

（1）图像显示不良

图像显示不良常见的故障表现为图像颜色异常（偏色、无色）、图像扭曲（水平 / 垂直亮线、图像左右压缩、图像垂直滚动等）、三无、有噪点、图像模糊、有回扫线、失真等。

图 9-28 为图像显示不良的常见故障表现。

（2）伴音不良

伴音不良的故障表现很明显，当听不到声音或听到的声音异常时，就说明彩色电视机音频信号相关电路出现故障。

（3）操作控制失常

操作控制失常也是彩色电视机中的常见故障之一，当人工控制（遥控器）或自动控制（搜台、开机保护）出现异常时，彩色电视机可能会出现遥控失灵、搜不到台、不存节目、开机保护等故障。

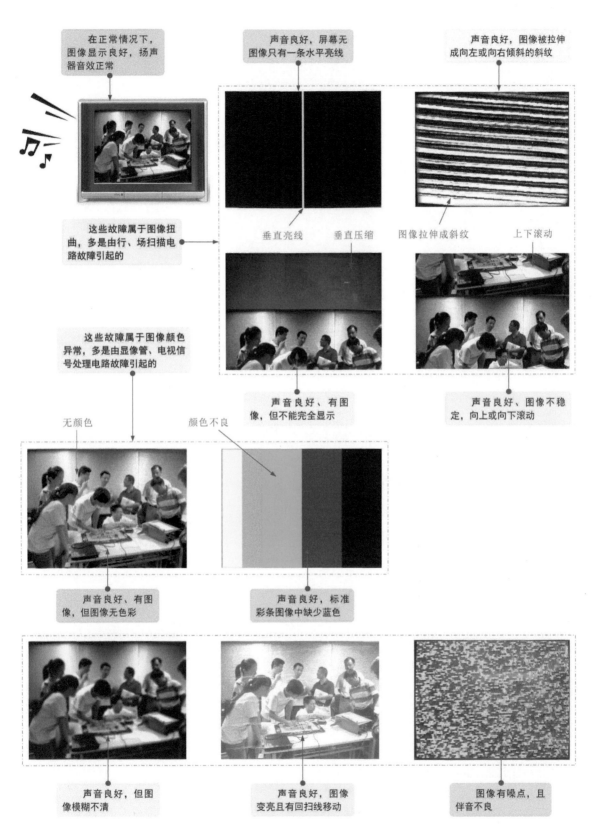

在正常情况下，图像显示良好，扬声器音效正常

声音良好，屏幕无图像只有一条水平亮线

声音良好，图像被拉伸成向左或向右倾斜的斜纹

这些故障属于图像扭曲，多是由行、场扫描电路故障引起的

垂直亮线　垂直压缩

图像拉伸成斜纹　上下滚动

这些故障属于图像颜色异常，多是由显像管、电视信号处理电路故障引起的

无颜色　颜色不良

声音良好、有图像，但不能完全显示

声音良好、图像不稳定，向上或向下滚动

声音良好、有图像，但图像无色彩

声音良好，标准彩条图像中缺少蓝色

声音良好，但图像模糊不清

声音良好，图像变亮且有回扫线移动

图像有噪点，且伴音不良

图 9-28　图像显示不良的常见故障表现

彩色电视机出现故障后，可依据故障现象进行逐步排查，圈定故障点并修复。图 9-29 为彩色电视机故障检修分析。

图 9-29 彩色电视机故障检修分析

9.2.2 彩色电视机的故障检修方法

1 **电视信号接收电路的检测方法**

检测彩色电视机电视信号接收电路时，一般可使用万用表或示波器等测试仪器检测电视信号接收电路中关键点的电压和信号波形，将实际检测到的电压值或信号波形与正常彩色电视机电视信号接收电路中的电压值或信号波形进行比较，即可以判断出电视信号接收电路的故障部位。

不同彩色电视机电视信号接收电路的检修方法基本相同，下面以康佳 P29MV217 型彩色电视机为例介绍电视信号接收电路的具体检测方法。

（1）电视信号接收电路输出信号的检测方法

当怀疑彩色电视机电视信号接收电路出现故障时，应首先判断该电路部分有无输出，即在通电开机状态下，对电视信号接收电路输出的音频信号和视频图像信号进行检测。

若检测电视信号接收电路的输出信号正常，则说明电视信号接收电路基本正常；若检测无信号输出，则说明该电路可能出现故障，需要进行下一步的检测。电视信号接收电路输出信号的检测方法如图 9-30 所示。

（2）中频信号处理集成电路的检测方法

若电视信号接收电路无音频信号和视频图像信号输出，即中频信号处理集成电路无输出，则需要对中频信号处理集成电路的工作条件（供电电压）进行检测。

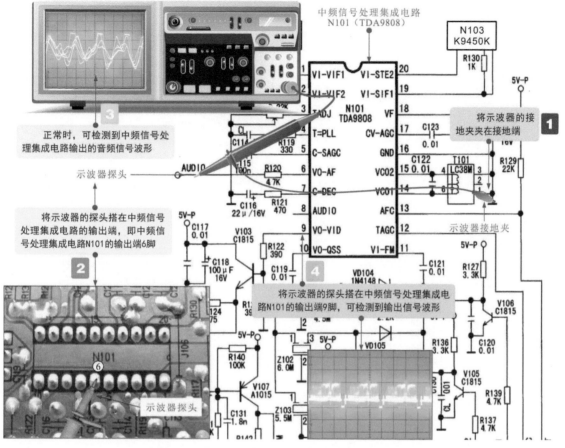

图 9-30　电视信号接收电路输出信号的检测方法

　　直流供电是中频信号处理集成电路的基本工作条件，若无直流供电电压，即使中频信号处理集成电路本身正常也将无法工作，因此检修时应对该供电电压进行检测，若供电电压正常仍无输出，则需要进行下一步的检测。

　　（3）声表面波滤波器输出信号的检测方法

　　若中频信号处理集成电路的供电电压正常，仍无音频信号和视频图像信号输出，则应对声表面波滤波器（图像和伴音）送来的图像中频信号和伴音中频信号进行检测。

　　若声表面波滤波器输出的信号正常，即中频信号处理集成电路输入的信号正常，则表明中频信号处理集成电路本身可能损坏；若输入的信号波形不正常，则应继续对其前级电路进行检测。

　　声表面波滤波器输出信号的检测方法如图 9-31 所示。

　　（4）预中放输出信号的检测方法

　　若声表面波滤波器输出的图像和伴音中频信号不正常，则应检测前级预中放集电极输出的中频信号。

　　若预中放集电极输出的中频信号正常，则表明预中放本身及前级电路均正常；若预中放集电极无信号输出，则应检测预中放的输入信号，即调谐器的输出信号是否正常。

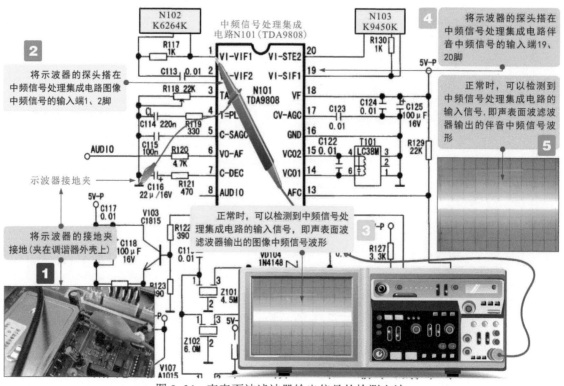

图 9-31　声表面波滤波器输出信号的检测方法

（5）调谐器输出信号的检测方法

若预中放的集电极无信号输出，则应对基极的输入信号，即调谐器输出的中频信号进行检测。

若调谐器输出的中频信号正常，则表明谐调器能正常工作；若该信号不正常，则说明调谐器可能出现故障，需要对调谐器相关工作条件或调谐器本身进行检测。

┃ 2　音频信号处理电路的检测方法

不同彩色电视机音频信号处理电路的检修方法基本相同，下面以康佳 P29MV217 型彩色电视机为例介绍音频信号处理电路的具体检修方法。

（1）检测音频功率放大器的输出信号

当怀疑音频信号处理电路出现故障时，应首先判断该电路部分有无输出，即在通电开机状态下，对音频信号处理电路输出到扬声器的音频信号进行检测。

若检测音频信号处理电路的输出信号正常，则说明音频信号处理电路基本正常；若检测无信号输出，则说明该电路可能出现故障，需要进行下一步的检测。音频功率放大器输出端左声道音频信号（L）的检测方法如图 9-32 所示。

（2）检测音频信号处理芯片的输出信号

若音频功率放大器的供电电压正常，而仍无音频信号输出，则应对前级音频信号处理芯片送来的音频信号进行检测。若音频信号处理芯片输出的信号正常，即音频功率放大器输入的信号正常，则表明音频功率放大器本身可能损坏；若输入的信号波形不正常，则应继续对前级电路进行检测。

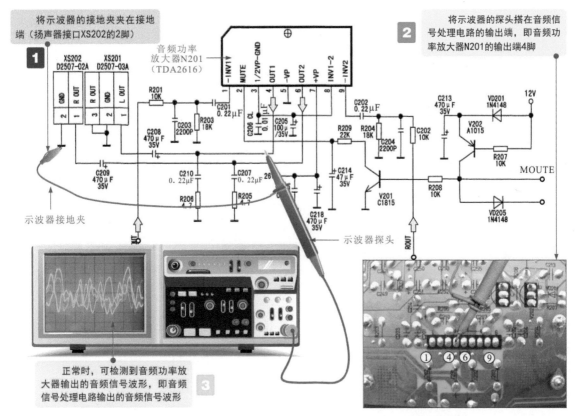

图 9-32　音频功率放大器输出端左声道音频信号（L）的检测方法

（3）检测音频信号处理芯片的输入信号

若音频信号处理芯片的各工作条件均正常，而仍无音频信号输出，则应对音频信号处理芯片输入的音频信号进行检测。

若音频信号处理芯片输入（音频信号切换电路输出）的音频信号正常，且工作条件也能够满足，而输出端仍无音频信号输出，则表明音频信号处理芯片本身可能损坏；若输入的音频信号波形不正常，则应继续检测前级的音频信号切换电路。

▌3　电视信号处理电路的检测方法

仍以康佳 P29MV217 型彩色电视机的数字电路板为例介绍电视信号处理电路的具体检修方法。

（1）检测视频输出和扫描信号处理电路的输出信号

当怀疑电视信号处理电路出现故障时，首先使用示波器对视频输出和扫描信号处理电路 TDA933H 输出的 R、G、B 视频信号和行、场激励信号进行检测。R、G、B 视频信号可在 TDA933H 的 40 脚、41 脚和 42 脚上测得，行、场激励信号可在 TDA933H 的 8 脚、1 脚和 2 脚上测得。若输出的 R、G、B 三基色信号或行、场激励信号正常，则应对后级电路进行检测；若信号波形不正常，则应对视频输出和扫描信号处理电路的工作条件进行检测。视频输出和扫描信号处理电路 TDA933H 输出信号的检测方法如图 9-33 所示。

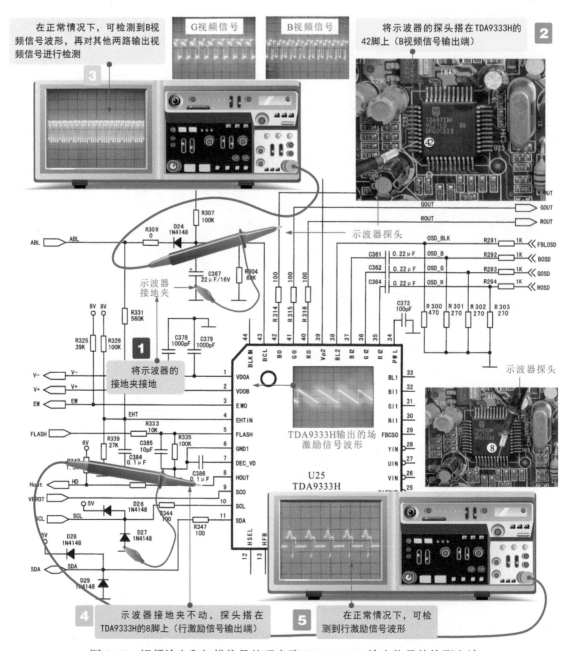

图 9-33　视频输出和扫描信号处理电路 TDA9333H 输出信号的检测方法

（2）检测数字视频处理集成电路的输出信号

使用示波器检测数字视频信号处理电路 DPTV-MV6720 输出的 R、G、B 三基色信号和行、场同步信号。其中，R、G、B 三基色信号可在 DPTV-MV6720 的 27 脚、28脚和 29 脚上测得，行、场同步信号可在 34 脚、35 脚上测得。若输出信号异常，则应继续对数字视频信号处理电路的输入信号及工作条件进行检测，检测方法与 TDA9333H基本相同。对于这类芯片一般可遵循如下规律检测和判断好坏：检测输入、输出端信号和工作条件。若在工作条件满足的前提下，输入端信号正常，无输出，则多为芯片内部损坏。

行扫描电路是为显像管提供偏转磁场，控制显像管内的电子束进行水平扫描的电路。若该电路出现故障，会引起彩色电视机出现无光栅、图像变窄、行拉伸或相位不对、不同步、行失真、图像反折或叠像等现象。

图 9-34 为彩色电视机行扫描电路中的关键检测点。以此为检测依据，沿信号流程或逆信号流程方向逐步检测，信号消失的地方即为主要的故障点。

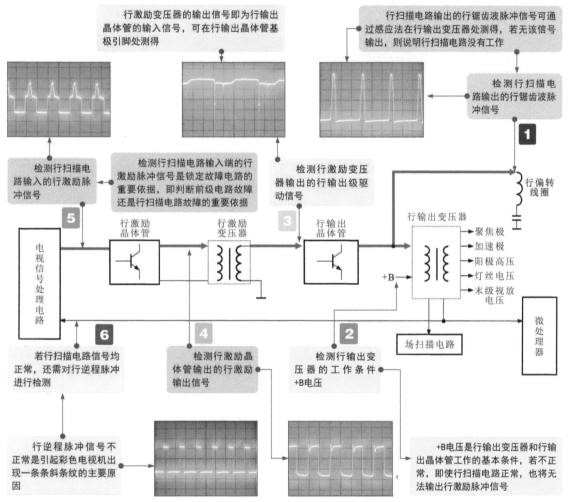

图 9-34　彩色电视机行扫描电路的关键检测点

（1）检测行扫描电路输出的行锯齿波脉冲信号（行偏转线圈驱动）

当怀疑行扫描电路出现故障时，应首先判断该电路部分有无输出，即在通电开机的状态下，对行扫描电路输出的行锯齿波脉冲信号进行检测。

通常在行输出变压器处可感应出行扫描电路输出的行锯齿波脉冲信号。若经检测信号正常，则说明行扫描电路正常；若无信号输出或信号输出异常，均表明行扫描电路中存在故障元件，需进行下一步的检测。

行扫描电路输出行锯齿波脉冲信号的检测方法如图 9-35 所示。

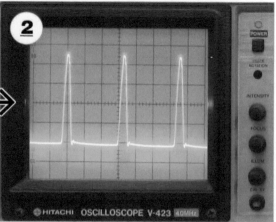

接通彩色电视机的电源，将示波器的接地夹接地，探头靠近行输出变压器

观察示波器的显示屏，正常时，应可由示波器探头感应到行锯齿波脉冲信号波形

图 9-35　行扫描电路输出行锯齿波脉冲信号的检测方法

　　行输出变压器是一个特殊的变压器。其驱动脉冲是由行输出晶体管提供的，因此在行输出变压器处感应的脉冲信号波形即为行输出晶体管输出的行锯齿波脉冲信号。由于行输出晶体管输出行锯齿波脉冲信号的幅度达上千伏，因此使用示波器检测时不得将探头搭在行输出晶体管的输出端（集电极）引脚上，以免损坏示波器，用示波器直接检测时，需使用高压探头或用示波器检测脉冲电压较低的引脚，如行输出变压器的 5 脚、6 脚、9 脚。

　　若检测行扫描电路输出的行激励脉冲信号正常，而彩色电视机仍表现为行扫描电路故障时，应对行偏转线圈进行检测，在一般情况下，行偏转线圈的阻值为 1～5Ω，高清彩色电视机行偏转线圈更低，为 0.5～0.7Ω。

（2）检测行输出变压器的供电电压

　　若在行输出变压器处检测不到行扫描电路输出的行锯齿波脉冲信号，则说明行输出变压器没有正常工作，此时应对行输出变压器的工作条件（+B 电压）进行检测。

　　若行输出变压器的工作条件正常，但无输出，则说明前级电路中存在故障，需进行下一步的检修；若检测供电电压不正常，则应检测前级开关电源电路。

　　在彩色电视机实际维修中，无特殊情况时，检测行输出变压器的供电电压（+B 电压），通常不会选择在行输出变压器的 +B 电压引脚端处进行检测，而一般会在开关电源电路的输出端进行检测。

　　若检测不到行锯齿波脉冲信号，但行输出变压器的供电电压正常，则有可能是行输出变压器或行输出级电路出现故障；若行输出变压器某个绕组短路或开路，则可使用一般万用表测出；若线圈间有局部短路或漏电或产生高压电弧，就不易检测出，只有用一个适用于这个电路的行输出变压器进行代换才能判别是否正常，但更换行输出变压器不是一件容易的事，除非所有其他部件都确定是良好的才可以更换。

（3）检测行激励变压器输出的行输出级驱动信号（行输出晶体管的基极信号）

　　若在行输出变压器处检测不到行锯齿波脉冲信号，且行输出变压器的供电也正常，此时应对行激励变压器输出的信号进行检测，以判断行输出晶体管是否正常。

若行激励变压器输出的行驱动信号正常，而由行输出晶体管输出的行锯齿波脉冲信号不正常，则说明行输出晶体管可能损坏；若无信号输出，则应继续对前级的信号进行检测，以查找故障点。

行输出晶体管是行输出级电路的关键元器件，直流偏压一般为 110～145V。其主要作用是将行脉冲放大到 1000V（峰值）以上。检测行输出晶体管时，若基极输入的脉冲波形正常，而集电极输出的波形不正常，则说明行输出晶体管已损坏或供电不正常（行输出晶体管的供电电压等同于 +B 电压）。

5 场扫描电路的检测方法

场扫描电路是为显像管提供偏转磁场，控制显像管内的电子束进行垂直扫描的电路。若该电路出现故障，会引起彩色电视机出现场不同步、图像高度不足、图像上下抖动、场失真、只有一条水平亮线等现象。

图 9-36 为彩色电视机场扫描电路中的关键检测点。以此为检测依据，沿信号流程或逆信号流程方向逐步检测，信号消失的地方即为主要的故障点。

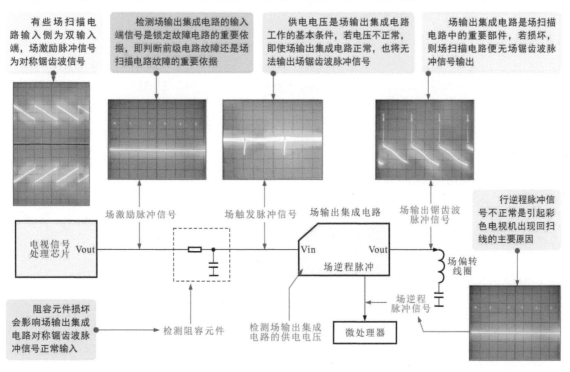

图 9-36 彩色电视机场扫描电路的关键检测点

（1）检测场输出集成电路输出的场锯齿波脉冲信号（场偏转线圈驱动信号）

当怀疑场扫描电路出现故障时，应首先判断该电路部分有无输出，即在通电开机的状态下，对场输出集成电路输出的场锯齿波脉冲信号进行检测。

若经检测场锯齿波脉冲信号正常，则说明场扫描电路正常；若无信号输出或信号输出异常，均表明场扫描电路中存在故障元器件，需进行下一步的检修。场扫描电路输出场锯齿波脉冲信号的检测方法如图9-37所示。

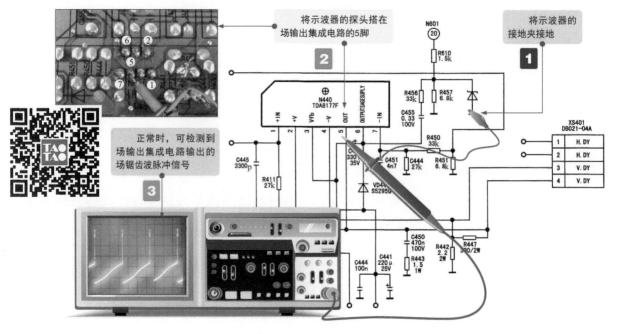

图9-37 场扫描电路输出场锯齿波脉冲信号的检测方法

若检测场输出集成电路输出的场锯齿波脉冲信号正常，而彩色电视机仍表现为场扫描电路故障时，应对场偏转线圈进行检测，在一般情况下，场偏转线圈的阻值为15～50Ω（串联）、7.5～25Ω（并联）。

（2）检测场输出集成电路的供电电压

若场输出集成电路无锯齿波脉冲信号输出，则说明场输出集成电路没有工作，此时应对其工作条件，即供电电压进行检测。

若场输出集成电路的供电电压异常，则需对前级的行扫描电路进行检测；若供电电压正常，则需对场扫描电路进行下一步的检测。

（3）检测场输出集成电路输入的信号

若检测不到场输出集成电路输出的场锯齿波脉冲信号，且场输出集成电路的供电也正常，此时应检测场输出集成电路的输入信号，如图9-38所示，以判断场输出集成电路是否正常。

若场输出集成电路输入的信号（本例实测输入端为对称锯齿波脉冲信号）正常，而输出的场锯齿波脉冲信号不正常，则说明场输出集成电路损坏；若输入的对称锯齿波脉冲信号不正常，则还需进行下一步的检测。

（4）检测场输出集成电路输出的场逆程脉冲信号

当场扫描电路信号均正常时，还需对场输出集成电路输出的场逆程脉冲信号进行检测，若输出的场逆程脉冲信号正常，则说明场扫描电路正常；若无信号输出，则说明场输出集成电路可能损坏。

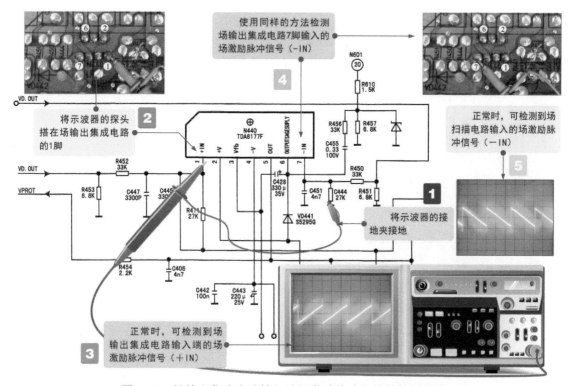

图 9-38　场输出集成电路输入端场激励脉冲信号的检测方法

▌6　系统控制电路的检测方法

系统控制电路是彩色电视机实现整机自动控制、各电路协调工作的核心电路部分。若该电路出现故障，通常会造成彩色电视机出现各种异常故障，如不开机、无规律死机、操作控制失常、调节失灵、不能记忆频道等现象。

（1）微处理器输入指令信号的检测方法

微处理器可接收的指令信号包括遥控信号和键控信号。当用户操作遥控器或彩色电视机面板上的操作按键无效时，可检测微处理器指令信号输入端信号是否正常。

当用户操作遥控器时，遥控信号送至微处理器的输入端。若微处理器遥控信号端信号正常，则表明前级遥控接收电路及遥控器等均正常；若无信号，则应检测遥控输入电路，即检测遥控接收电路、遥控器、遥控信号的输送线路及输送线路中的元器件等。微处理器遥控信号的检测方法如图 9-39 所示。

　　当遥控功能失常时，一般首先排除遥控器故障，除了使用万用表或示波器测试之外，还可以使用遥控器操作的方法判断遥控器是否存在故障。

　　遥控器作为彩色电视机的一个基本配件，如果电池电量耗尽、内部器件损坏都会导致遥控功能失常，一般在这种情况下，彩色电视机会出现直接按动面板上的操作按键时控制正常，但操作遥控器功能失常。

　　遥控器主要通过红外线发射人工指令，而红外线是人眼不可见的，可通过数码相机（或带有摄像功能的手机）的摄像头观察遥控发射器是否能够发出红外光。将遥控发射器的红外发光二极管对准相机的摄像头，操作遥控器上的按键，在正常情况下，应可以看到明显的红外光。

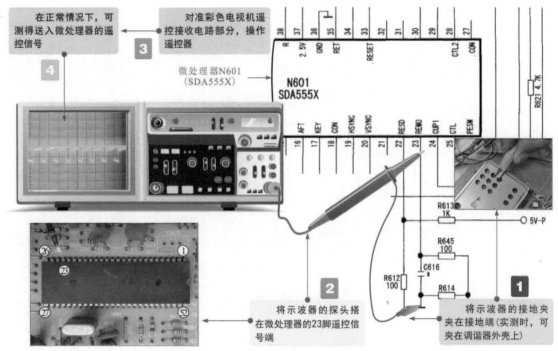

图 9-39　微处理器遥控信号的检测方法

在正常情况下，可测得送入微处理器的遥控信号

对准彩色电视机遥控接收电路部分，操作遥控器

将示波器的探头搭在微处理器的23脚遥控信号端

将示波器的接地夹夹在接地端（实测时，可夹在调谐器外壳上）

微处理器N601（SDA555X）

若经上述检测，微处理器的指令输入端信号均正常，而控制功能仍无法实现，则多为微处理器本身或控制信号输出线路存在故障，可进行下一步的检测。

（2）微处理器输出控制信号的检测方法

微处理器输出的控制信号主要有 I^2C 总线信号和开机/待机控制信号。

微处理器 I^2C 总线信号是系统控制电路中的关键信号。彩色电视机中的几个主要芯片几乎都通过 I^2C 总线受微处理器的控制，并与其进行信号传输。

若微处理器 I^2C 总线信号正常，则表明微处理器已进入工作状态，在该状态下，个别控制功能失常时，应重点检测微处理器相关控制功能引脚的外围元器件；若无 I^2C 总线信号，则多为处理器损坏或未工作。

（3）微处理器开机/待机控制信号的检测方法

微处理器开机/待机控制信号是微处理器控制彩色电视机进行开机或待机状态转换的控制信号，一般可在开机瞬间，用万用表检测微处理器开机/待机控制端有无电平判断该控制信号是否正常。

若经检测微处理器输出的开机/待机控制信号正常，则表明微处理器工作正常；若无信号，则在微处理器工作条件等正常的前提下，多为微处理器本身损坏。

▌7　显像管电路的检测方法

显像管电路是为显像管提供各种电压和驱动信号的电路。若该电路出现故障，会引起彩色电视机出现无图像、缺色（偏色）、全白光栅、图像暗而且不清晰、屏幕上出现回扫线等现象。

图 9-40 为彩色电视机显像管电路的关键检测点。

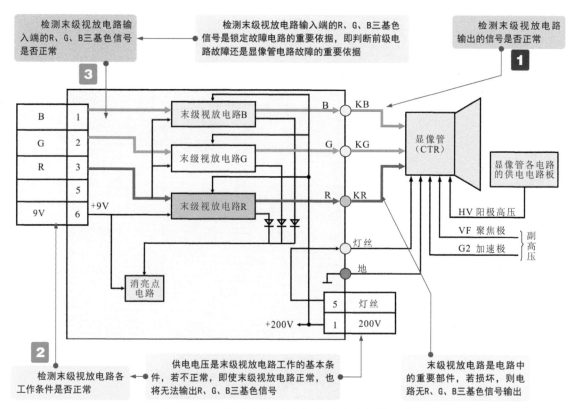

检测末级视放电路输入端的R、G、B三基色信号是锁定故障电路的重要依据，即判断前级电路故障还是显像管电路故障的重要依据

检测末级视放电路输入端的R、G、B三基色信号是否正常

检测末级视放电路输出的信号是否正常

检测末级视放电路各工作条件是否正常

供电电压是末级视放电路工作的基本条件，若不正常，即使末级视放电路正常，也将无法输出R、G、B三基色信号

末级视放电路是电路中的重要部件，若损坏，则电路无R、G、B三基色信号输出

图 9-40　彩色电视机显像管电路的关键检测点

（1）检测末级视放电路输出端的 R、G、B 三基色信号

当怀疑显像管电路出现故障时，应首先判断该电路部分有无输出，即在通电开机的状态下，对显像管电路中末级视放电路输出的 R、G、B 三基色信号进行检测。

若检测输出的 R、G、B 三基色信号均正常，则说明末级视放电路部分基本正常；若检测无三基色信号输出或某一路无输出，则说明该路或前级电路可能出现故障，需要进行下一步的检测。

输出端 R、G、B 三基色信号的检测方法相同，下面以输出端 R 信号的检测为例进行介绍。末级视放电路输出端 R 信号的检测方法如图 9-41 所示。

（2）检测末级视放电路的基本供电条件

若显像管电路中末级视放电路输入端的 R、G、B 三基色信号正常，而输出端无信号输出，则应对该电路的直流供电条件（直流低压和直流高压）进行检测。

直流供电是显像管电路的基本工作条件之一。若直流供电异常，即使显像管电路本身正常也将无法工作，因此当出现直流供电异常时需对前级供电电路进行检测；若直流供电正常，而末级视放电路输出端仍无输出，则应进行下一步的检测。

（3）检测显像管的灯丝电压

若显像管电路中末级输出电路输出的 R、G、B 三基色信号均正常，而彩色电视机仍无图像显示，则应对显像管的灯丝电压进行检测。

灯丝电压是显像管正常工作的条件之一。若检测灯丝电压异常，则应对前级行扫描电路进行检测。

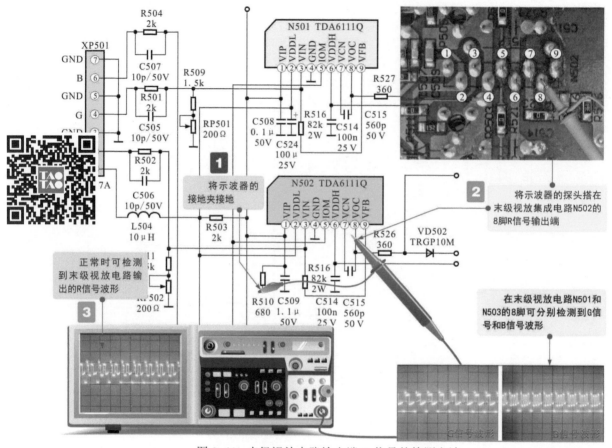

图 9-41 末级视放电路输出端 R 信号的检测方法

 灯丝电压（6.3V）由电视机主电路板上的行输出变压器提供。根据维修经验，正常时，用万用表交流挡检测供电插件处的电压为 4.5V 左右，检测显像管管座处的电压为 3.7V 左右（用示波器检测峰值为 6.3V）。

▌8   开关电源的检测方法

开关电源电路出现故障经常会引起彩色电视机出现开机三无、无声音、无图像、光栅幅度小、亮度低等故障现象，检修时，可依据开关电源电路的供电方式逆向进行检测，从电压消失的地方入手，对周围的元器件进行检测，即可排除故障。

图 9-42 为彩色电视机开关电源电路的关键检测点。

在实际检测开关电源电路时，一般可首先检测输出的直流低压是否正常，然后以此为切入点，逐级向前检测，电压消失的地方即可作为关键的故障点，进而排除故障。

开关电源电路输出端电压的检测方法如图 9-43 所示。在正常情况下，开关电源电路输出端输出的直流电压均应正常。若无任何电压输出时，应先判断电路中的熔断器有无熔断。

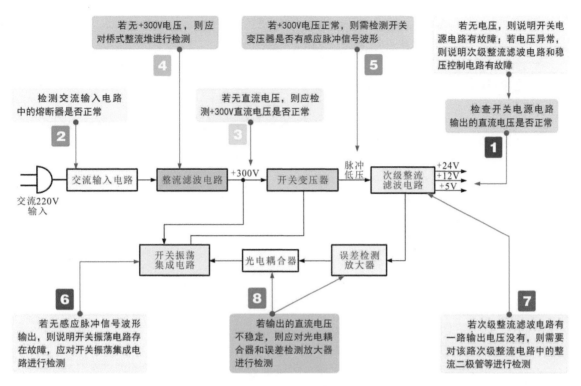

图 9-42 开关电源电路的关键检测点

图中文字标注：

- **4** 若无+300V电压，则应对桥式整流堆进行检测
- **5** 若+300V电压正常，则需检测开关变压器是否有感应脉冲信号波形
- **1** 若无电压，则说明开关电源电路有故障；若电压异常，则说明次级整流滤波电路和稳压控制电路有故障
- **2** 检测交流输入电路中的熔断器是否正常
- **3** 若无直流电压，则应检测+300V直流电压是否正常
- 检查开关电源电路输出的直流电压是否正常
- **6** 若无感应脉冲信号波形输出，则说明开关振荡电路存在故障，应对开关振荡集成电路进行检测
- **8** 若输出的直流电压不稳定，则应对光电耦合器和误差检测放大器进行检测
- **7** 若次级整流滤波电路有一路输出电压没有，则需要对该路次级整流电路中的整流二极管等进行检测

电路框图：交流220V输入 → 交流输入电路 → 整流滤波电路 +300V → 开关变压器 脉冲低压 → 次级整流滤波电路 → +24V +12V +5V；开关振荡集成电路 ← 光电耦合器 ← 误差检测放大器

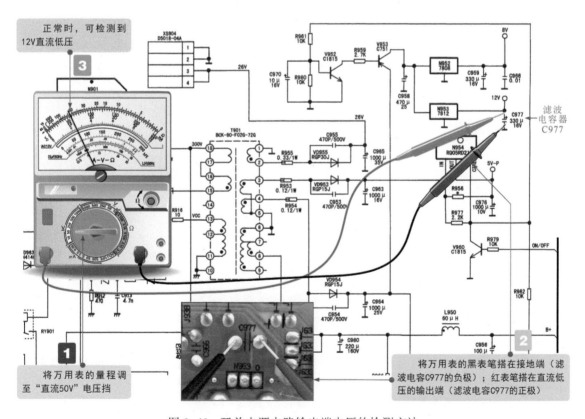

图 9-43 开关电源电路输出端电压的检测方法

图中文字标注：

- **3** 正常时，可检测到12V直流低压
- **1** 将万用表的量程调至"直流50V"电压挡
- **2** 将万用表的黑表笔搭在接地端（滤波电容C977的负极）；红表笔搭在直流低压的输出端（滤波电容C977的正极）
- 滤波电容C977

彩色电视机中的熔断器可以看作阻值很小的电阻器，若熔断器炸裂、发黑等，均说明彩色电视机电路中存在比较严重的故障。

若熔断器正常，则可根据输出电压值的不同状态进行检测，即无电压输出时、只输出一路电压时、输出的电压值偏高／偏低时。

引起熔断器熔断的原因很多，多数情况是因为彩色电视机电路中有过载现象。这时应进一步检查电路，否则即使更换熔断器，可能还会被烧断。若利用观察法判断熔断器已经损坏，则不要立即更换熔断器，而应该进一步查明熔断器损坏的原因。

① 熔断器内部的熔丝有一处熔断

观察熔断器，发现表面清晰透明，而熔丝有一处熔断，出现这种情况的原因主要是频繁开关机或偶然因素导致熔断器熔断，此时可采用同型号的熔断器直接更换。

② 熔断器表面有污物且熔丝熔断

若观察熔断器表面有黄黑色污物，而且能够看清内部熔丝的熔断形状，则一般是由于开关晶体管和开关集成电路击穿所致。

③ 熔断器裂开且内部模糊不清

若观察到熔断器表面有轻微裂痕，且不易看清内部状况，则一般是由于桥式整流堆被击穿或 300V 滤波电容被击穿短路引起的。

④ 熔断器严重炸裂

这种情况一般不易出现，多是由于电源直接短路所致，应仔细检查整流前的电路。

◇没有电压输出的检测思路

在彩色电视机中，若开关电源电路输出的直流电压均不正常，应先对桥式整流堆输出的 +300 V 直流电压进行检测；若该电压不正常，则应对桥式整流堆及交流输入部分进行检测；若 +300V 输出正常，则需要对开关振荡电路中的主要元器件进行检测，如开关变压器、开关振荡集成电路。

◇ 输入 +300 V 直流电压不正常的检测思路

排除故障的第一步应从 +300V 滤波电容入手，可利用万用表检测滤波电容是否存在短路或断路情况，若问题不在滤波电容上，则需检测桥式整流堆是否被击穿短路；若桥式整流堆仍然没有故障，则应检测交流输入电路中的相关元器件是否脱焊、损坏等。

◇某一路输出电压不正常的检测思路

若开关电源电路的某一路无低压直流电压输出时，则需要对开关变压器后级电路中的整流、稳压部分进行检测，即对三端稳压器、整流二极管等进行检测。

◇输出电压不稳的检测思路

输出电压不稳就是输出电压与正常值相比偏高或偏低，影响彩色电视机的正常工作。通过前面的介绍可知，为了使开关电源输出电压不会因输入电压或者输出电流的变化而变化，在电路中设置了误差检测电路和取样电路对输出电压进行检测，将检测的误差信号经光耦反馈到开关集成电路中，经过调节开关振荡电路产生脉冲的宽度使输出电压保持稳定。当彩色电视机出现输出电压不稳的故障现象时，应重点检测误差放大器、光电耦合器及相关的外部元器件等。

第10章 液晶电视机的结构原理与检修技能

10.1 液晶电视机的结构原理

10.1.1 液晶电视机的结构组成

液晶电视机是一种采用液晶显示屏作为显示器件的视听设备，用于欣赏电视节目或播放影音信息。

从外观来看，液晶电视机主要是由外壳、液晶显示屏、操作面板、扬声器、各种接口和支撑底座等构成的，如图 10-1 所示。

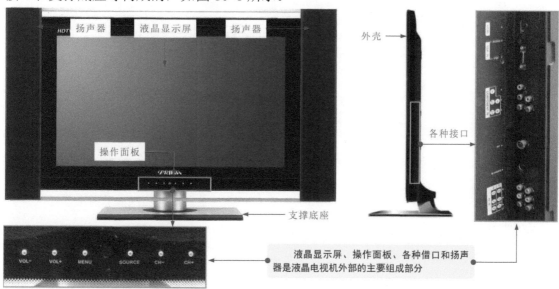

图 10-1　液晶电视机的外部构造

液晶电视机呈平板形，重量轻、节省空间，且具有显像清晰度高、色彩丰富、使用寿命长、省电和辐射低等优点。

图 10-2 为几种不同设计风格的液晶电视机。

图 10-2　几种不同设计风格的液晶电视机

打开外壳便可以看到内部的几块电路板，分别是模拟信号电路板、数字信号电路板、开关电源电路板、逆变器电路板、操作显示和遥控接收电路板、接口电路板等，通过线缆互相连接，如图10-3所示。

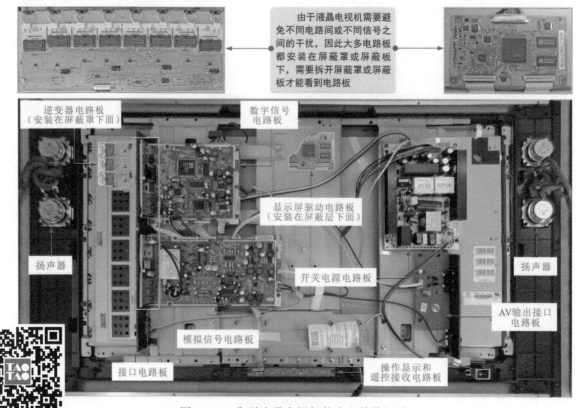

图10-3　典型液晶电视机的内部结构组成

液晶电视机上类似玻璃材质的器件就是液晶显示屏。它通常以一个独立组件的形式体现，用来实现电视节目图像画面的输出。图10-4为液晶显示屏组件的实物外形。

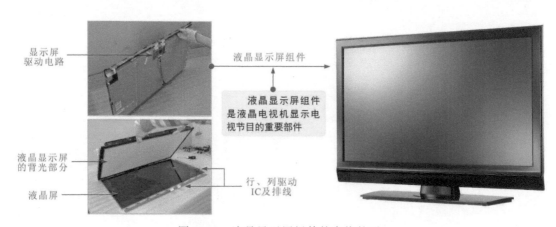

图10-4　液晶显示屏组件的实物外形

液晶显示屏组件主要是由液晶屏、驱动电路和背部光源组件构成的。液晶显示屏主要用来显示彩色图像；液晶显示屏后面的背部光源用来为液晶显示屏照明，提高显示亮度；在液晶显示屏的上方和左侧通过特殊工艺安装多组水平和垂直驱动电路，用来为液晶显示屏提供驱动信号。图 10-5 为液晶显示屏组件的内部结构。

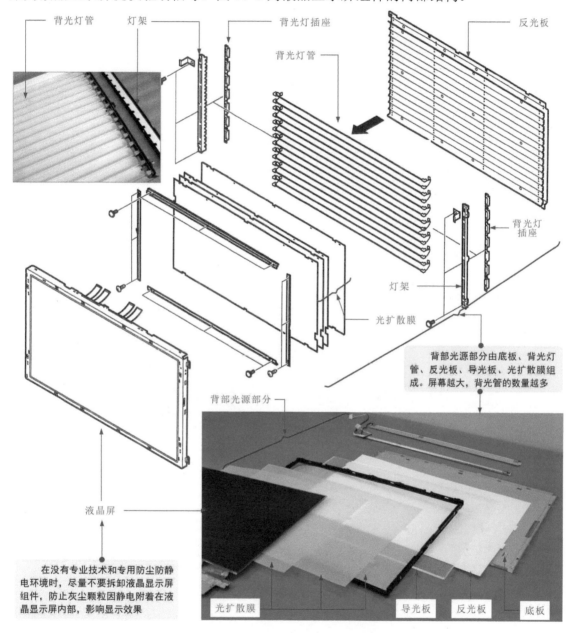

图 10-5　液晶显示屏组件的内部结构

▌2　外部接口

　　液晶电视机一般都设有多种接口，用于与外部设备进行信号的传输，通常位于液晶电视机的背部。根据液晶电视机的型号、功能不同，接口种类和数量也不同。

液晶电视机中常见的外部接口主要有天线接口、AV 接口、VGA 接口、HDMI 接口、S 端子、分量视频等。图 10-6 为典型液晶电视机的外部接口。

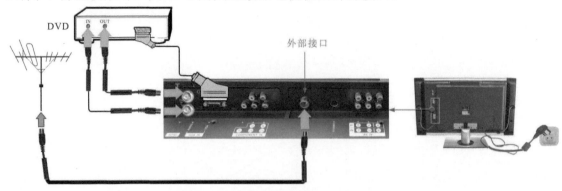

图 10-6　典型液晶电视机的外部接口

3　操作面板

操作面板主要包括操作按键和指示灯，通常位于液晶显示屏的下方或液晶电视机的侧面位置，如图 10-7 所示。其中，操作按键通常包括菜单、频道切换、音量调节和模式切换（AV/TV/VGA/HDMI）等，通过按动操作按键可输入人工操作指令；指示灯通过显示不同颜色指示液晶电视机的工作状态。

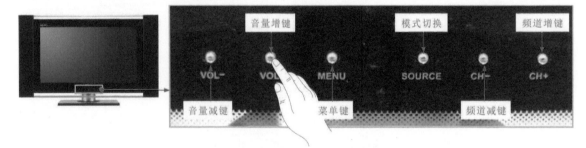

图 10-7　液晶电视机的操作面板

4　模拟信号电路板

模拟信号电路板是液晶电视机中用于接收、处理和传输模拟信号的电路板，如图 10-8 所示。

模拟信号电路板包括调谐器及中频电路（电视信号接收电路）、音频信号处理电路等部分。电路中的信号均属于模拟信号。

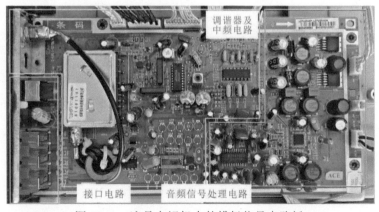

图 10-8　液晶电视机中的模拟信号电路板

◆ 调谐器及中频电路。

调谐器及中频电路一般位于液晶电视机模拟信号电路板的边缘，其中一个规则的金属盒为调谐器，是该电路的标志性器件。

图 10-9 为典型液晶电视机中的调谐器及中频电路。调谐器和中频电路通常由调谐器、预中放、声表面波滤波器、中频信号处理芯片等构成。该电路主要用于接收天线或有线电视信号，并将信号进行处理后输出音频信号和视频图像信号。

图 10-9 典型液晶电视机中的调谐器及中频电路

◆ 音频信号处理电路。

音频信号处理电路主要用来处理来自中频通道的伴音信号和接口部分输入的音频信号，并驱动扬声器发声。

图 10-10 为典型液晶电视机中的音频信号处理电路，主要由音频信号处理芯片、音频功率放大器和扬声器构成。

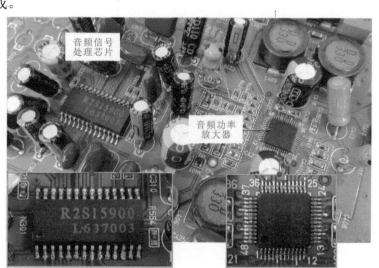

图 10-10 典型液晶电视机中的音频信号处理电路

数字信号电路板是液晶电视机中用于接收、处理和传输数字信号的电路板，包括数字信号处理电路、系统控制电路、接口电路等部分，如图 10-11 所示。

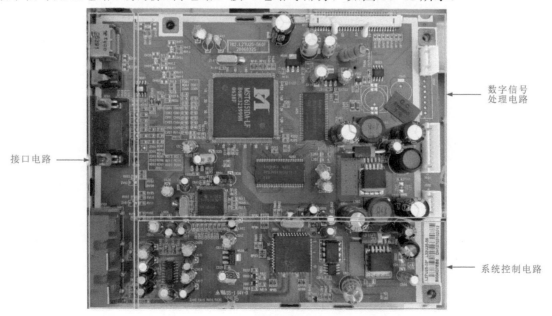

接口电路

数字信号
处理电路

系统控制电路

图 10-11   典型液晶电视机中的数字信号电路板

◆ 数字信号处理电路。

数字信号处理电路是处理视频图像信号的关键电路，液晶电视机播放电视节目时显示出的所有景物、人物、图形、字符等信息都与该电路相关。

在通常情况下，数字信号处理电路主要是由视频解码器、数字图像处理芯片、图像存储器和时钟晶体等组成的，如图 10-12 所示。

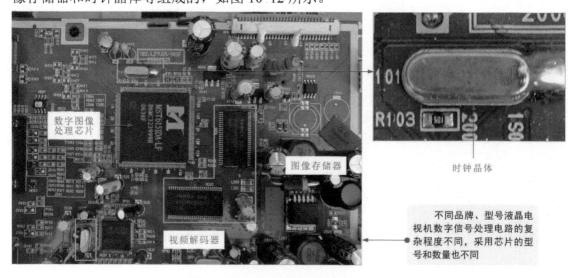

数字图像
处理芯片

图像存储器

视频解码器

时钟晶体

不同品牌、型号液晶电视机数字信号处理电路的复杂程度不同，采用芯片的型号和数量也不同

图 10-12   数字信号处理电路的结构

◆ 系统控制电路。

系统控制电路是液晶电视机整机的控制核心，液晶电视机执行电视节目的播放、声音的输出、调台、搜台、调整音量、亮度设置等功能都是由该电路控制的。

图 10-13 为典型液晶电视机中的系统控制电路。可以看到，该电路包括微处理器、用户存储器、时钟晶体等几部分。

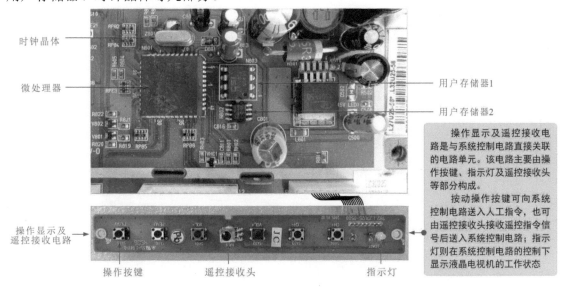

操作显示及遥控接收电路是与系统控制电路直接关联的电路单元。该电路主要由操作按键、指示灯及遥控接收头等部分构成。

按动操作按键可向系统控制电路送入人工指令，也可由遥控接收头接收遥控指令信号后送入系统控制电路；指示灯则在系统控制电路的控制下显示液晶电视机的工作状态。

图 10-13　典型液晶电视机中的系统控制电路

‖ 6　开关电源电路板

开关电源电路板通常是一块相对独立的电路板。电路板上安装有很多分立直插式的大体积元器件，如图 10-14 所示。

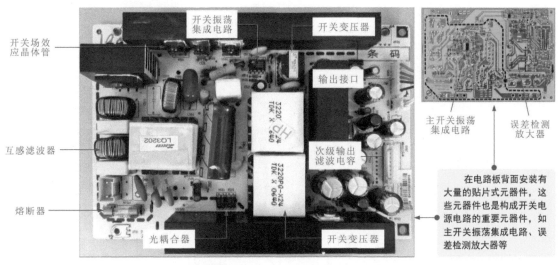

在电路板背面安装有大量的贴片式元器件，这些元器件也是构成开关电源电路的重要元器件，如主开关振荡集成电路、误差检测放大器等

图 10-14　开关电源电路板的结构

开关电源电路是液晶电视机中十分关键的电路，主要用于为液晶电视机中各单元电路、电子元件及功能部件提供直流工作电压（5V、12V、24V），维持整机正常工作。

‖ 7   逆变器电路板

逆变器电路板一般安装在靠近液晶电视机两侧边缘的位置。图10-15为典型液晶电视机中的逆变器电路板，主要由PWM信号产生电路、场效应晶体管、高压变压器、背光灯供电接口构成。该电路板通过接口与液晶显示屏组件中的背光灯管连接，为其提供工作电压。

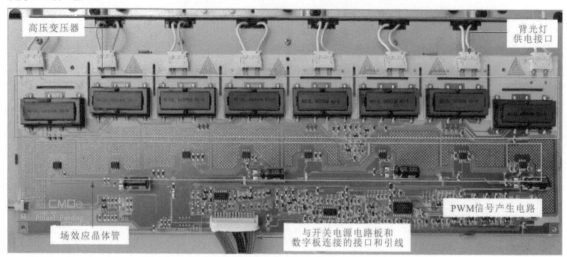

图10-15   典型液晶电视机中的逆变器电路板

‖ 8   接口电路

液晶电视机的接口电路主要用于将液晶电视机与各种外部设备或信号连接，是一个以实现数据或信号的接收和发送为目的的电路单元。

图10-16为典型液晶电视机中的接口电路，位于模拟信号电路板和数字信号电路板的边缘。可以看到，液晶电视机中的接口较多，主要包括TV输入接口（调谐器接口）、AV输入接口、AV输出接口、S端子接口、分量视频信号输入接口、VGA接口等，有些还设有DVI（或HDMI）数字高清接口。

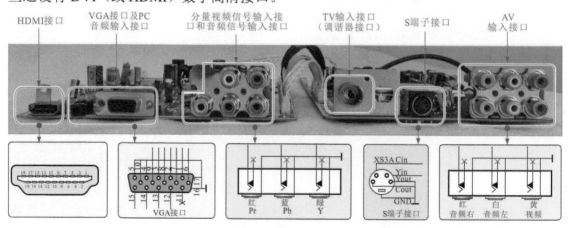

图10-16   典型液晶电视机中的接口电路

液晶电视机的工作原理

液晶电视机是一种输出图像和声音的设备。其整机工作的过程就是图像信号和声音信号的处理过程，如图 10-17 所示。

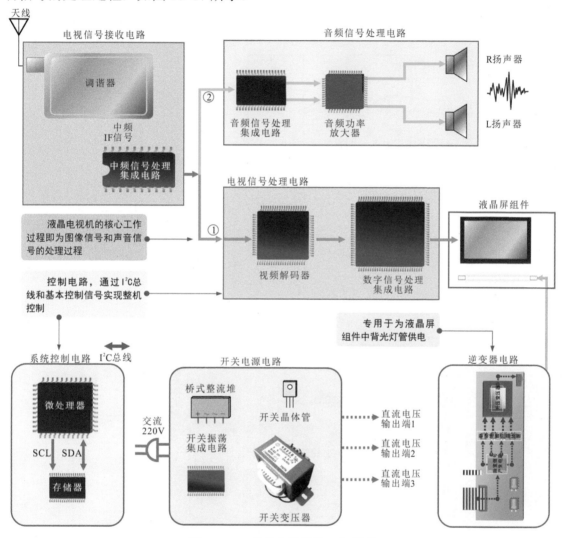

图 10-17　液晶电视机的工作原理

 　电视信号接收电路、数字信号处理电路、音频信号处理电路及显示屏驱动电路主要完成电视信号的接收、分离、处理、转换、放大和输出；逆变器电路主要用于为背光灯供电；液晶显示屏和扬声器配合实现电视节目的播放。

　　系统控制电路作为整个液晶电视机的控制核心，主要作用就是对各个单元电路及功能部件进行控制，确保电视节目的正常播放。

液晶电视机的整机工作过程非常细致、复杂，为了能够更好地理清关系，从整机角度了解信号主线，可从液晶电视机的整机结构框图入手，掌握主要信号线路及功能电路的关系，如图 10-18 所示。

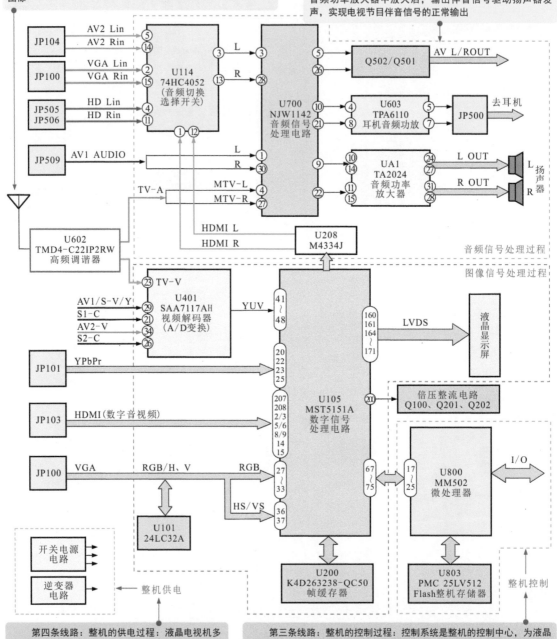

第一条线路：视频信号的处理过程：由YPbPr分量接口、VGA接口和数字（HDMI）音视频接口送来的视频信号直接送入数字视频处理器中进行处理；由AV1、AV2、S端子和调谐器等接口送来的视频信号先经视频解码电路（SAA7117AH）进行解码处理后，再送入数字信号处理电路中。

上述各种接口送来的视频信号最终由数字信号处理电路（MST5151A）处理后输出LVDS信号，经屏线驱动液晶显示屏显示图像

第二条线路：音频信号处理过程：来自AV1输入接口和调谐器中频组件处理后分离出来的音频信号直接送入音频信号处理电路；来自AV2输入接口、YPbPr分量接口、VGA接口和数字（HDMI）音视频输入接口的音频信号经音频切换选择开关电路进行切换和选择后送入音频信号处理电路中。各种接口送来的音频信号经音频信号处理电路NJW1142进行音调、平衡、音质、静音和AGC等处理，送入音频功率放大器中放大后，输出伴音信号驱动扬声器发声，实现电视节目伴音信号的正常输出

第四条线路：整机的供电过程：液晶电视机多采用内置开关电源组件。开关电源电路将交流220V市电经整流滤波、开关振荡、变压器变压、稳压等处理后输出多组电压为整机供电

第三条线路：整机的控制过程：控制系统是整机的控制中心，为液晶电视机中的各种集成电路（IC）提供I^2C总线数据、时钟信号和控制信号（高、低电平控制）。若微处理器不正常，则可能会引起液晶电视机出现图像花屏、自动关机、图像异常、伴音有杂音、遥控不灵等故障

图10-18 液晶电视机的整机结构框图

10.2.1 液晶电视机的故障特点

液晶电视机的主要功能是通过液晶显示屏显示色彩绚丽的动态或静态图像，通过左、右扬声器发出声音，因此液晶电视机的故障主要出现在图像显示、声音及控制状态三个方面。液晶电视机的常见故障主要表现为图像显示不良、显示屏不良、伴音不良、操作失常等。

▌ 1   图像显示不良

由于图像显示是液晶电视机的主要功能之一，因此液晶电视机的许多常见故障都与图像显示有关。图像显示不良的故障表现为图像颜色异常（偏色、无色）、无图像、暗屏、图像有干扰、花屏、白屏、七彩屏等，如图 10-19 所示。

图 10-19　液晶电视机图像显示不良的故障特点

液晶电视机中有专门对液晶显示屏进行驱动的电路。该部分电路与液晶显示屏的制作工艺非常特殊，易发生损坏，所引起的故障通过显示图像表现出来，但与图像显示不良的故障表现有明显区别。显示屏不良常见的故障表现有水平/垂直亮线或暗带、屏幕裂痕、漏光、坏点（白点、黑点）等，如图10-20所示。

亮线或暗带故障：声音良好，可以看到图像，但屏幕上有明显的垂直（或水平）亮带或暗线。该故障多是因为液晶显示屏组件内的垂直或水平驱动电路异常

显示屏不良的故障通常无法修复，只能更换整个液晶屏组件

裂痕、漏光或亮点故障：声音良好，屏幕出现漏光或碎裂、亮点、黑点等现象，甚至无法显示图像。这种故障多是因为液晶显示屏本身质量问题或受外力撞击等引起屏损坏

图 10-20   液晶电视机显示屏不良的故障特点

‖ 3   伴音不良

液晶显示电视机伴音不良的故障表现很明显，当听不到声音、单侧声音或听到的声音异常时，说明液晶电视机音频信号相关电路出现故障，如图10-21所示，应重点检测音频信号处理通道中的各种芯片（音频信号处理集成电路、音频功率放大器）和电子元器件等。

图像正常，没有声音或单个扬声器不响

图像正常，有声音，但声音中有明显的"嗡嗡"等杂音

图 10-21   液晶电视机伴音不良的故障特点

当人工控制（遥控器）或自动控制（搜台、开机保护）出现异常时，液晶电视机可能会出现遥控失灵、搜不到台、不存节目、背光灯先亮、开机保护等故障，如图10-22所示，应重点检查系统控制电路部分（微处理器、存储器、晶体）。

本机按键正常，遥控失灵

搜不到频道或无法记忆频道

无法搜台，但其他功能良好

不开机或无规律死机

图 10-22   液晶电视机操作控制失常的故障特点

液晶电视机是由几个具有特定功能的电路单元构成的，出现故障后，首先应根据故障特点分析推断是哪一部分电路有故障，再通过检测确认故障的范围，最后对各功能电路进行检测。

一般来说，在检测液晶电视机时，主要是借助万用表、示波器和一些辅助工具或设备（如信号源、拆焊电烙铁等）通过测试和判断找出损坏的部位，并修复或更换损坏的元器件，甚至整个电路板来完成检修。图10-23为检修液晶电视机的基本环境。

待测故障机

防静电手环
（一端接地线）

万用表

隔离变压器

示波器

市电接线板

信号源
（影碟机+测试光盘）

图10-23　检修液晶电视机的基本环境

液晶电视机电源部分直接与220V/50Hz交流电相连，检测交流电压对人身安全有一定的威胁，特别是开关电源的振荡电路会带市电高压，连接示波器会使示波器外壳带电并引发短路故障。为防止触电，需在液晶电视机和220V市电之间连接隔离变压器，如图10-24所示。

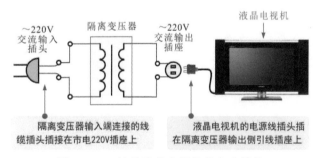

图10-24　检修液晶电视机的安全措施

液晶电视机中的元器件多为贴片式的，防静电能力较弱。检修时需采取一定的防静电措施，如佩戴防静电手环或手套，如图10-25所示，以避免人体所带静电对电路板上的元器件造成损坏，扩大故障范围。

防静电手环

防静电手套

图10-25　检修液晶电视机的静电防护

通过对液晶电视机结构和工作原理的了解，结合液晶电视机的故障特点，下面将逐一讲述液晶电视机中主要功能电路的检修方法。

　　液晶电视机的调谐器及中频电路是接收电视信号的重要电路。若该电路出现故障，常会引起无图像、无伴音、屏幕有雪花噪点等现象。当怀疑该电路异常时，可按如图 10-26 所示的顺序逐一检测电路，直到找到异常部位，排除故障。

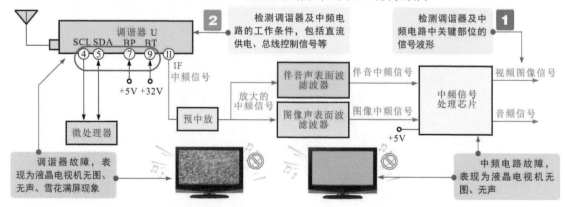

图 10-26　调谐器及中频电路的检修流程

　　调谐器及中频电路的检修思路：从电路的输出端作为切入点，首先检测电路输出的视频图像信号和音频信号是否正常；若输出信号正常，则表明电路正常；若无信号输出，则说明电路异常或没有进入工作状态，可顺信号流程逆向检测，找到信号消失的地方，大致圈定故障范围，以此为基础对相关范围内的工作条件、关键信号进行检测，最终在故障范围内找到损坏的元器件，进行更换，排除故障。

◆ 顺流程测量关键信号。

　　顺电路信号流程，根据信号的输入、处理和输出特点，对主要元器件的输入和输出端引脚进行检测，如图 10-27 所示。

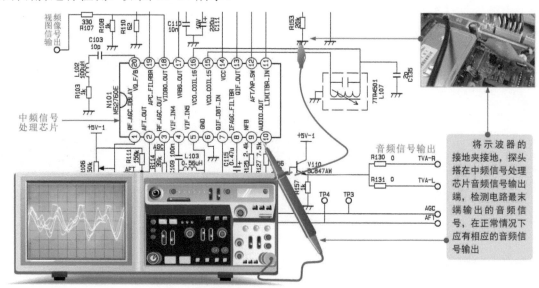

图 10-27　调谐器及中频电路中输出信号的检测

图 10-28 为在调谐器及中频电路中几个关键部位测到的主要信号波形。

检测方法与检测中频信号处理芯片的输出音频信号相同。要求检修人员能够读懂和理清调谐器及中频电路的信号流程，分析信号传输的基本线路，并能找到电路中的几个关键元器件，通过检测关键元器件的输入端和输出端信号，即可对电路的工作状态有一个大致的判断。

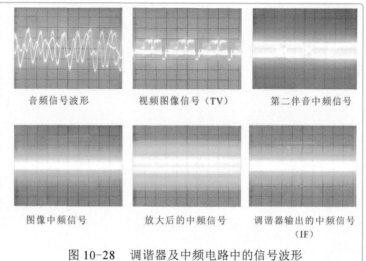

音频信号波形　　　　视频图像信号（TV）　　　第二伴音中频信号

图像中频信号　　　　放大后的中频信号　　　调谐器输出的中频信号（IF）

图 10-28　调谐器及中频电路中的信号波形

◆ 测量电路的基本工作条件。

当检测某一元器件无信号输出时，不能立即判断所测元器件损坏，还需要对元器件的基本工作条件进行检测。例如，检测调谐器 IF 端无中频信号输出时，需要首先判断直流供电条件是否正常，如图 10-29 所示。若供电异常，则调谐器无法工作。

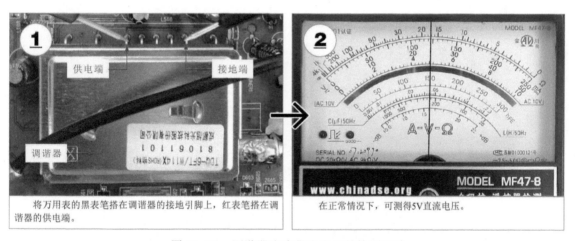

将万用表的黑表笔搭在调谐器的接地引脚上，红表笔搭在调谐器的供电端。

在正常情况下，可测得5V直流电压。

图 10-29　调谐器直流供电电压的检测方法

除供电电压外，调谐器及中频信号处理芯片还需要微处理器提供的 I^2C 总线控制信号才可以正常工作，因此还需要对 I^2C 总线控制信号端的信号波形进行检测，如图 10-30 所示。

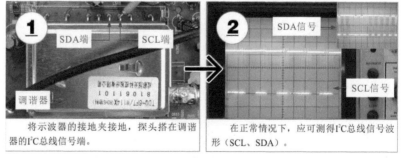

将示波器的接地夹接地，探头搭在调谐器的 I^2C 总线信号端。

在正常情况下，应可测得 I^2C 总线信号波形（SCL、SDA）。

图 10-30　调谐器 I^2C 总线信号的检测方法

音频信号处理电路是液晶电视机中的关键电路。该电路出现故障会引起液晶电视机无伴音、音质不好或有交流声等。判断该电路是否正常，可顺信号流程逆向检测音频信号，音频信号消失的地方即为主要的故障点，如图 10-31 所示。

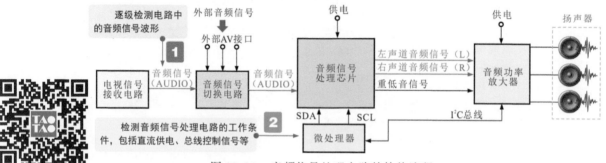

图 10-31　音频信号处理电路的检修流程

◆ 测量电路中的音频信号。

音频信号处理电路的最大特点是音频信号贯穿整个电路的始终，电路工作过程是音频信号一级级地传递过程，因此逐级检测信号能够快速找到故障点。

判断该电路器件的好坏可从输出和输入端信号入手，输出正常，器件正常；无输入，则检查前级，如图 10-32 所示。

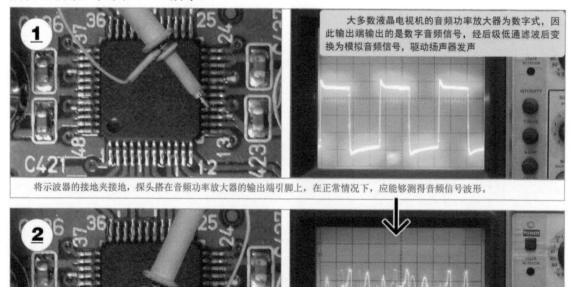

图 10-32　音频功率放大器输入、输出信号的检测

音频信号处理集成电路是音频功率放大器的前级电路器件。该芯片的输出经印制线路板及中间器件后送到音频功率放大器的输入端，输出端信号波形与音频功率放大器的输入端信号相同，如图 10-33 所示。

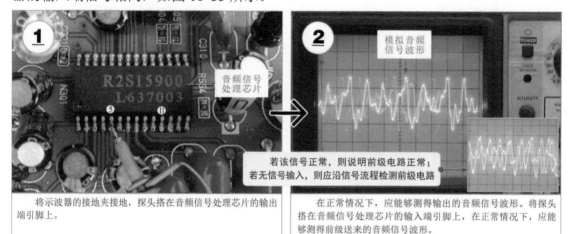

将示波器的接地夹接地，探头搭在音频信号处理芯片的输出端引脚上。

在正常情况下，应能够测得输出的音频信号波形。将探头搭在音频信号处理芯片的输入端引脚上，在正常情况下，应能够测得前级送来的音频信号波形。

图 10-33　音频信号处理集成电路输入、输出信号的检测

检测时需要注意：音频信号处理芯片输出的音频信号送入音频功率放大器的输入端，在两个信号端之间通常设有阻容元器件，若这类中间元器件损坏，将导致信号无法传递，从而导致后级电路无输入的情况。

◆ 测量电路中的工作条件。

音频功率放大器和音频信号处理集成电路正常工作都需要基本的供电条件和 I^2C 总线信号进行控制。当满足输入信号正常、工作条件正常、无输出时，可判断所测元器件损坏，如图 10-34 所示。

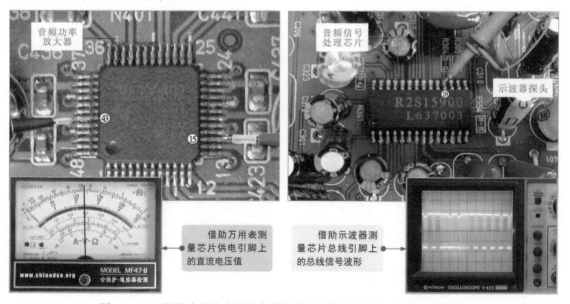

借助万用表测量芯片供电引脚上的直流电压值

借助示波器测量芯片总线引脚上的总线信号波形

图 10-34　音频功率放大器和音频信号处理集成电路工作条件的检测

数字信号处理电路是液晶电视机处理视频信号的关键电路。若该电路出现故障，则会引起液晶电视机出现无图像、黑屏、花屏、图像马赛克、满屏竖线干扰或不开机等。检修时，可逆电路信号流程逐级检测，也可依据故障现象，先分析出可能产生故障的部位，再进行有针对性的检测，如图 10-35 所示。

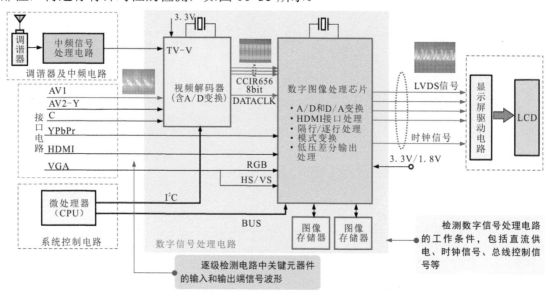

图 10-35   数字信号处理电路的检修流程

◆ 电路中关键信号的检测。

在通电开机状态下，检测数字信号处理电路输出到后级电路的 LVDS（低压差分信号），该信号是视频图像信号的处理结果，送至显示屏驱动电路，如图 10-36 所示。

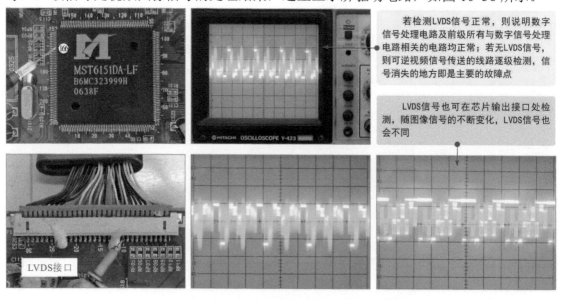

图 10-36   数字信号处理电路输出端信号的检测

若数字信号处理集成电路无信号输出，则应检测输入端信号，如图 10-37 所示。若数字信号处理集成电路的输入端信号正常，则说明数字信号处理集成电路前级电路部分基本正常。

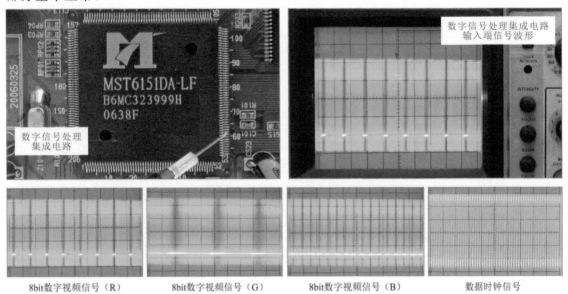

| 8bit数字视频信号（R） | 8bit数字视频信号（G） | 8bit数字视频信号（B） | 数据时钟信号 |

图 10-37　数字信号处理集成电路输入端信号的检测

数字信号处理集成电路的输入端信号及前级视频解码器的输出信号为三组 8bit 数字视频信号和一路时钟信号。

若数字信号处理集成电路的输入端无信号，即视频解码器无信号输出，则应检测视频解码器的输入信号。设定检测时由 DVD 播放标准彩条信号，并经 AV1 接口输入信号，检测方法与上述方法相同。若输入正常、无输出，还需要检测电路的工作条件。

◆ 电路工作条件的检测。

无论是数字信号处理集成电路还是视频解码器，都需满足一定的工作条件才能正常工作。若工作条件不正常，即使集成电路本身正常也无法工作。因此当集成电路输入正常、无输出时，应对数字信号处理集成电路的工作条件进行检测，包括直流供电、时钟信号、总线信号，找到不正常的信号，即可对相关的电路进一步检测。

图像存储器也是数字信号处理电路中的重要元器件。图像存储器存取信息不良也会导致液晶电视机图像显示不良，常见的主要有图像出现马赛克、花屏、点状干扰等。当怀疑图像存储器工作不良时，应重点检测图像储存器与数字信号处理集成电路关联的总线信号，如图 10-38 所示。

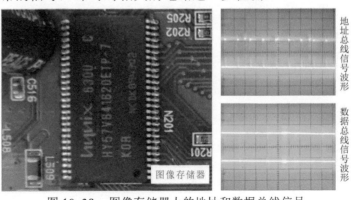

图 10-38　图像存储器上的地址和数据总线信号

系统控制电路是液晶电视机实现整机自动控制、各电路协调工作的核心电路。该电路出现故障通常会造成液晶电视机出现各种异常故障，如不开机、无规律死机、操作控制失常、不能记忆频道等，检修时，主要围绕核心元器件，即微处理器的工作条件、输入或检测信号、输出控制信号等展开测试，如图 10-39 所示。

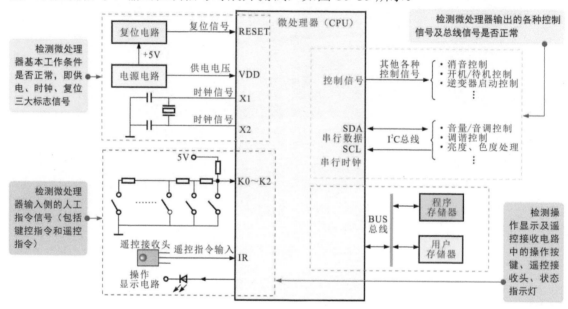

图 10-39　系统控制电路的检修流程

◆ 直流供电电压和复位电压的检测方法。

直流供电电压和复位电压（信号）是微处理器正常工作的基本电压条件，可用万用表测量微处理器芯片的相应引脚，如图 10-40 所示。

图 10-40　微处理器供电电压和复位电压的检测

　　复位电路通过对电源电压的检测产生一个复位信号。若复位电路正常，但微处理器仍不能复位，则可能是微处理器内部复位功能异常。此时，可将微处理器外接的复位元器件全部取下，通电开机，用导线短接一下微处理器复位引脚和接地端，如果此时液晶电视机能够接收遥控信号，则说明微处理器内部正常，否则说明微处理器内部损坏。

◆ 微处理器主要信号的检测方法。

微处理器正常工作需要基本的时钟、总线等信号，且在接收到人工指令等信号后，相关控制端的输出控制信号，如开机/待机信号等，可在识别芯片的相应信号后，借助示波器逐一检测，如图 10-41 所示。

时钟信号也是微处理器工作的基本条件。若该信号异常，将引起微处理器不工作或控制功能错乱等现象。判断信号状态时需要注意，晶体或微处理器内部的振荡电路异常都可能导致该信号异常，需要从两个方面排查。检测时钟信号正常，说明晶体和微处理器内部振荡电路均正常

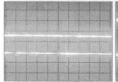 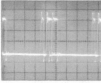 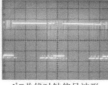 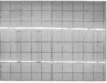 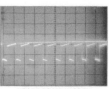

| 地址总线信号 | 数据总线信号 | I²C总线时钟信号波形 | I²C总线数据信号波形 | 遥控控制信号波形 |

图 10-41 微处理器主要信号的检测方法

 微处理器输入和输出控制端的信号与时钟信号检测方法相同，将测量结果与正常信号波形对照比较即可做出判断。

◆ 操作显示及遥控接收电路的检测方法。

操作显示及遥控接收电路是相对独立的电路，是系统控制电路的指令输出和状态信号的输入部分。当液晶电视机出现某个操作按键失常、遥控失常、指示灯不亮等故障时，除了对遥控器、微处理器等进行检测外，操作按键、遥控接收头或指示灯本身损坏也会造成上述故障，因此也需要对这些部件进行检测，如图 10-42 所示。

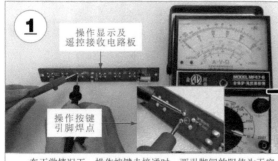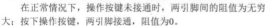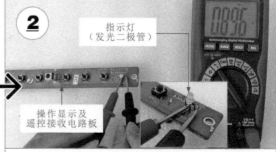

在正常情况下，操作按键未接通时，两引脚间的阻值为无穷大；按下操作按键，两引脚接通，阻值为0。

使用数字万用表二极管挡检测指示灯（发光二极管），在正常情况下，应能测得正向导通电压。

图 10-42 操作显示及遥控接收电路的检测方法

 有经验的检修人员在检测系统控制电路时常会从故障特点入手，通过辨别故障现象找出怀疑或故障率较高的元器件。如微处理器不良，通常会导致液晶电视机不开机、整机控制失灵的故障；晶体不良，一般会引起液晶电视机花屏或不开机的故障；数据存储器不良或传输线路异常，往往会引起液晶电视机黑屏、不存台等故障。

开关电源电路出现故障经常会引起液晶电视机出现花屏、黑屏、屏幕有杂波、通电无反应、指示灯不亮、无声音、无图像等。由于该电路以处理和输出电压为主，因此检修该电路时，可重点检测电路中关键点的电压值，找到电压值不正常的范围，再对该范围内相关元器件进行检测，找到故障元器件，检修或更换，如图 10-43 所示。

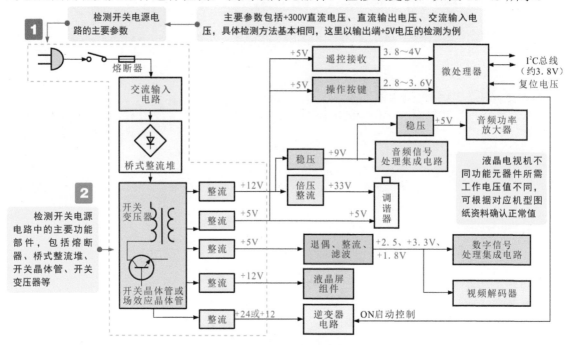

图 10-43　开关电源电路的检修要点

◆ 开关电源电路关键点电压的检测方法。

开关电源电路输出多路直流低压，是整机正常工作的基本条件。从检测输出端电压作为检测开关电源电路的入手点，能够快速判断出开关电源电路的工作状态，如图 10-44 所示。

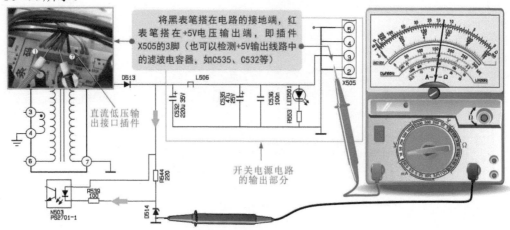

图 10-44　开关电源电路中直流电压的检测方法

◆ 开关电源电路易损部件的检测方法。

通过测量关键点电压值圈定故障范围后，或当开关电源电路无法通电测电压时，便可对该电路中的核心、易损部件进行检测，找出故障原因后排除故障。开关电源电路中的元器件较多，下面以桥式整流堆、开关管（开关场效应晶体管）为例进行介绍。

桥式整流堆用于将输入的交流 220 V 电压整流成 +300 V 直流电压，为后级电路供电。若损坏，会引起液晶电视机出现不开机、不加热、开机无反应等故障。可借助万用表检测桥式整流堆输入、输出端的电压值判断桥式整流堆的好坏，如图 10-45 所示。

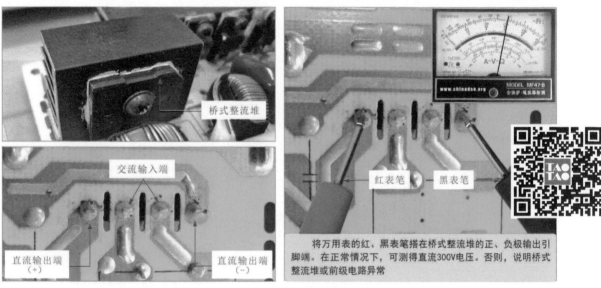

图 10-45　开关电源电路中桥式整流堆的检测方法

◆ 开关电源电路易损部件的检测方法。

开关场效应晶体管主要用来放大开关脉冲信号去驱动开关变压器工作。开关场效应晶体管工作在高反压、大电流状态下，是液晶电视机开关电源电路故障率最高的器件，检测时，可借助万用表检测引脚间阻值的方法判断好坏，如图 10-46 所示。

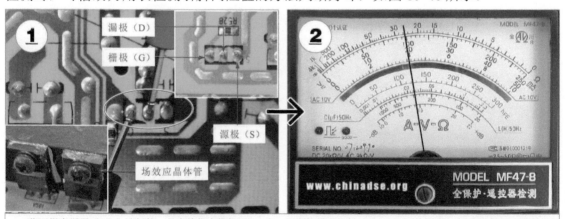

图 10-46　开关场效应晶体管的检测方法

检测开关场效应晶体管时可使用万用表检测引脚间的阻值，在路检测时会对检测结果造成影响，可将开关场效应晶体管拆下后再进行检测，注意静电防护，避免击穿。

‖ 6　逆变器电路的检修方法

　　逆变器电路是液晶电视机中专门为液晶显示屏背光灯管供电的电路。若该电路出现故障，会影响液晶显示屏的图像显示。常见的故障现象主要有黑屏、屏幕闪烁、有干扰波纹等。检修该电路时，可逆电路信号流程逐级检测电路关键点的信号波形，信号消失的地方即为关键故障点，如图 10-47 所示。

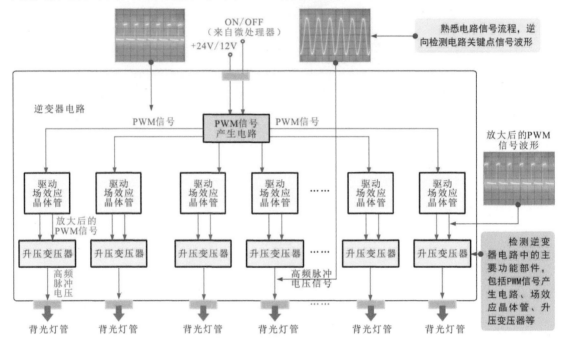

图 10-47　逆变器电路的检修方法

　　逆变器电路中升压变压器的检测方法如图 10-48 所示。

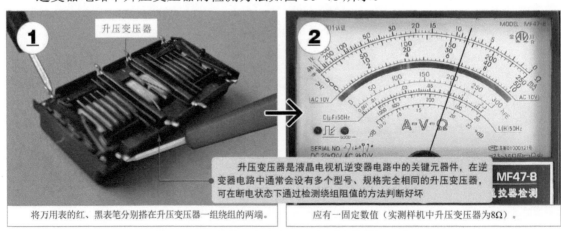

将万用表的红、黑表笔分别搭在升压变压器一组绕组的两端。　应有一固定数值（实测样机中升压变压器为8Ω）。

图 10-48　逆变器电路中升压变压器的检测方法

逆变器电路产生故障的特征比较明显，可结合具体故障表现，分析可能出现故障的部位，进行有针对性的检测。图 10-49 为逆变器电路的故障特点和检测重点。

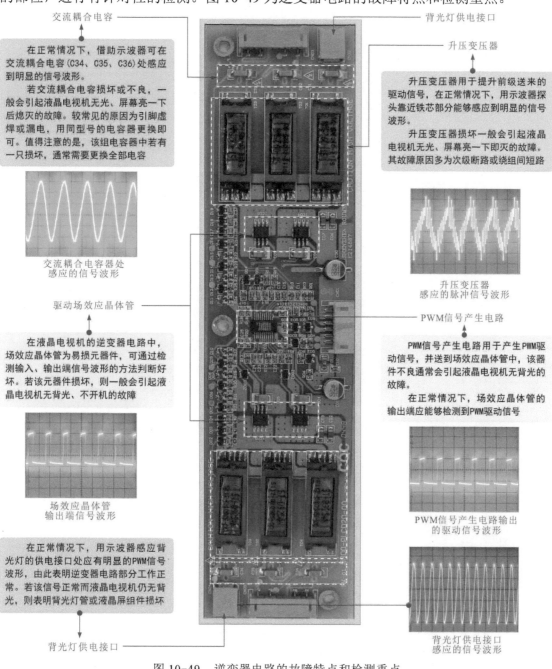

交流耦合电容

在正常情况下，借助示波器可在交流耦合电容(C34、C35、C36)处感应到明显的信号波形。

若交流耦合电容损坏或不良，一般会引起液晶电视机无光、屏幕亮一下后熄灭的故障。较常见的原因为引脚虚焊或漏电，用同型号的电容器更换即可。值得注意的是，该组电容器中若有一只损坏，通常需要更换全部电容

交流耦合电容器处
感应的信号波形

驱动场效应晶体管

在液晶电视机的逆变器电路中，场效应晶体管为易损元器件，可通过检测输入、输出端信号波形的方法判断好坏。若该元器件损坏，则一般会引起液晶电视机无背光、不开机的故障

场效应晶体管
输出端信号波形

在正常情况下，用示波器感应背光灯的供电接口处应有明显的PWM信号波形，由此表明逆变器电路部分工作正常。若该信号正常而液晶电视机仍无背光，则表明背光灯管或液晶屏组件损坏

背光灯供电接口

背光灯供电接口

升压变压器

升压变压器用于提升前级送来的驱动信号，在正常情况下，用示波器探头靠近铁芯部分能够感应到明显的信号波形。

升压变压器损坏一般会引起液晶电视机无光、屏幕亮一下即灭的故障。其故障原因多为次级断路或绕组间短路

升压变压器
感应的脉冲信号波形

PWM信号产生电路

PWM信号产生电路用于产生PWM驱动信号，并送到场效应晶体管中，该器件不良通常会引起液晶电视机无背光的故障。

在正常情况下，场效应晶体管的输出端应能够检测到PWM驱动信号

PWM信号产生电路输出
的驱动信号波形

背光灯供电接口
感应的信号波形

图 10-49　逆变器电路的故障特点和检测重点

█ 7 ▎接口电路的检修方法

液晶电视机的接口电路是重要的功能电路，是液晶电视机与外部设备或信号源（有线电视机末端接口）产生关联的"桥梁"。若该电路不正常，将直接导致信号传输功能失常，进而影响液晶电视机的影音输出功能。图 10-50 为接口电路的检修方法。

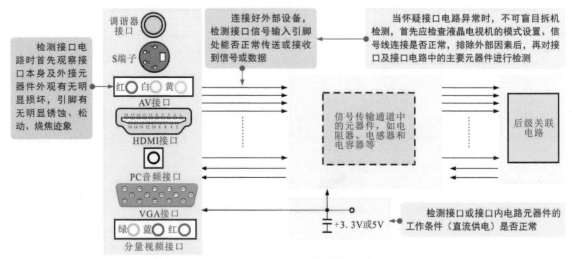

图 10-50　接口电路的检修方法

如图 10-51 所示，首先采用观察法观察接口内接口引脚是否有锈蚀或断裂的现象；仔细观察接口焊接到电路板上的引脚有无断裂、脱焊、虚焊、搭接的现象。

图 10-51　接口电路的外观检查

各种接口正常工作都以满足工作条件为前提，否则即使接口本身正常也无法正常工作，因此检测接口电路的工作条件是十分重要的环节。接口电路一般以直流供电为基本工作条件，用万用表检测电压即可，如图 10-52 所示。若接口处无电压或电压异常，则应进一步检测供电引脚外接线路的相关元器件。

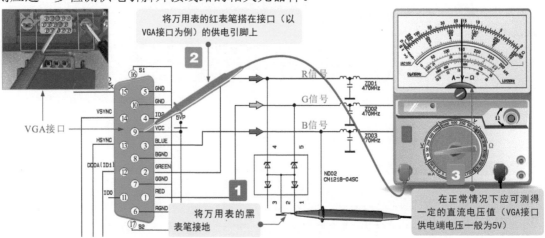

图 10-52　接口电路直流供电电压的检测方法

接口电路引脚处有信号，说明接口能够传送或接收信号。检测接口传送数据或信号时，需注意将待检测的接口连接外部设备，并使液晶电视机工作在当前接口送入信号的状态下，否则即使接口电路正常，也无数据或信号传输，如图10-53所示。

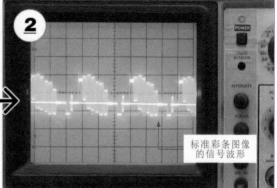

调整液晶电视机到AV接口输入信号状态，且确保AV接口外接设备，由外接设备通过AV接口向液晶电视机输送信号。将示波器的接地夹接地，探头搭在AV接口的引脚上。

在正常情况下，应能测得相应的信号波形，否则说明接口传输不良，需要修复或更换。

图10-53　接口电路中信号的检测

不同类型接口传送数据或信号的类型有所区别，但检测方法与AV接口信号的检测方法相同。这里不再逐一演示接口的数据或信号的检测操作。检修人员需要了解并熟记不同接口的数据或信号波形，如图10-54所示，以便能够将实测信号波形与正常信号波形比较，做出有效的故障判别。

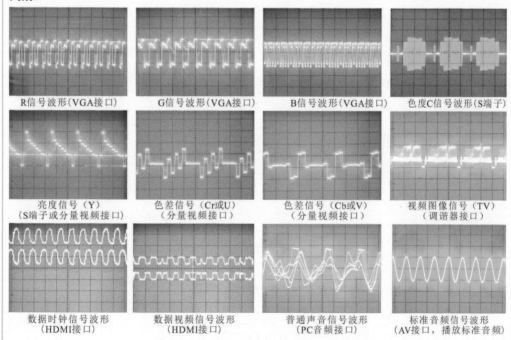

R信号波形(VGA接口)　　G信号波形(VGA接口)　　B信号波形(VGA接口)　　色度C信号波形(S端子)

亮度信号（Y）　　　　色差信号（Cr或U）　　　色差信号（Cb或V）　　　视频图像信号（TV）
(S端子或分量视频接口)　（分量视频接口）　　　（分量视频接口）　　　（调谐器接口）

数据时钟信号波形　　　数据视频信号波形　　　普通声音信号波形　　　标准音频信号波形
（HDMI接口）　　　　（HDMI接口）　　　　（PC音频接口）　　　（AV接口，播放标准音频）

图10-54　接口电路中的各种信号波形

测试音频信号时应注意，若检测不到音频信号时，需检查音频播放设备，如DVD的音频信号输出是否属于双声道模式，若为单声道输出模式，则接口处只能测得一个音频信号。